ハリネズミの“日常”と“ホンネ”がわかる本

監修：井本稲毛動物クリニック 井本 暁　イラスト：なみはりねずみ
（にしかわなみ）

日本文芸社

Hello!

ハリネズミ

トゲトゲツンツン、だけじゃない。
ハリネズミのいろんな顔、もっと見てみたいな。

走るの大好き

チラッとのぞく
歯がキュートでしょ

ベロはけっこう
長いよ！

ここに隠れられる
かな？

どっちが
いいかな～

くんくん

どうぞ
ありがとう

おいしいね♡

やっぱり
こっち!

ハリネズミ号
出発しまーす

乗りまーす!

ねむ〜い

寝ていい?

もう寝るよ

おやすみなさい
ふわぁ〜

私の運命の人は
どこ？

どこですか〜？

あっ
あなただったのね！

Part 1 ハリネズミってどんな動物？

P.46からの本書のみかた

見出し：わたしたちの疑問

01 はじめまして！ 仲よくしようね

はじめての場所では
とても慎重派です

ふきだし：ハリネズミの本音

Part 2 ハリネズミの暮らし

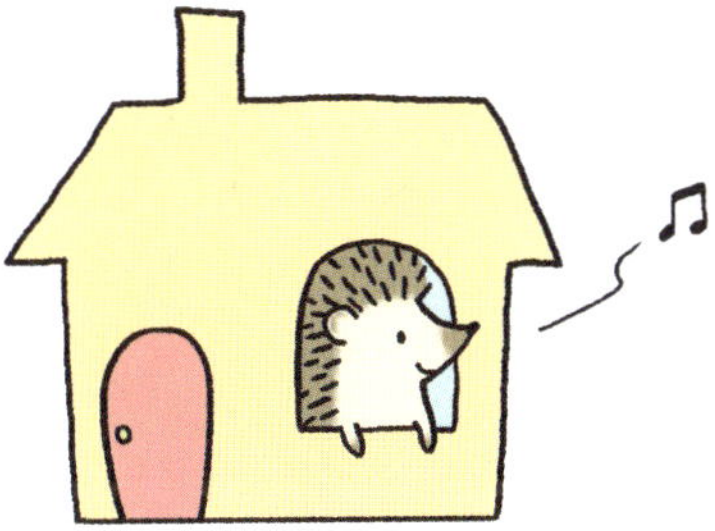

Part 3

ハリネズミの気持ち

Part 4 ハリネズミとのお付き合い

Part 1

ハリネズミってどんな動物？

ここが知りたい!

気になるハリネズミのことQ&A

ハリネズミはかわいいだけじゃない!? 素朴な疑問に答えます。

Q 針は触ると痛いの?

トゲトゲは自分を守る唯一の武器
針を立てているときは触ると痛いです A

ハリネズミの背中を覆う針は、自分を守るためのもの。触れば痛いです。痛くなくては敵を追い払うことはできませんからね。でも、常に痛いわけではありません。ハリネズミは恐怖を感じると、体を一周する筋肉「輪筋《りんきん》」を縮め、同時に頭とお尻の筋肉も縮め内側に引き込んで巾着をしめるように体を丸くさせます。すると背中の針は皮膚に引っ張られあちこちに立ち上がります。これが「針が立っている」状態。このトゲトゲ状態の針を触れば痛いです。でも、普段の針はねている状態なので、触っても痛くありません。なでることもできますよ。

針は被毛がまとまり硬化したもの。爪と同じケラチンでできていて、人の皮膚を突き破るくらいの頑丈さはあります。でも、ハリネズミは守り専門の動物ですから、こちらから刺されに行かなければ痛い思いをすることはないはず。ときどき、抜け落ちた針に、思いがけずチクッと攻撃されることはあるかもしれませんけど。

Q かんだりひっかいたりするの？

攻撃することはありません。でもときどき間違えちゃうことが…… A

ハリネズミは臆病な動物です。恐怖のあまり襲ってくるなんてことさえありません。だって「怖い！」と感じたら、手も足も顔さえもしまって丸まるのですから。でも、ときどき飼い主さんの手をかんでしまうことはあります。それは食べ物と間違えたか、「これなんだ？」と確認しているとき。エサを素手であげたり、手に食べ物のにおいがついているとかまれることが多いので、触れ合う前は必ず石鹸で手を洗いましょう。かまれたとしても顎の力が弱いので、それほど痛くありませんよ。

Q 虫を食べるってホント？

野生では虫が主食ですが、飼育下ではおやつ。なかには食べない子も A

野生では虫を主食とするハリネズミですから、ほとんどの子は虫が大好物。でも、飼育下での主食は市販のハリネズミフードです。なぜなら、飼育下で与えられる虫はミールワームとコオロギがほとんどで、それだけを食べていたのでは完全に栄養不足だからです。虫はおやつとして少し与えるだけ。でも、虫の外殻を食べることで歯周病予防になったり、本能が満たされたりするので、虫好きな子にはぜひ与えたいもの。食べたがらない子には与えなくても、栄養的には問題ありません。

Q どれくらい音やにおいがする？

ハリネズミは夜行性 夜の物音は大目にみてくださいね A

ハリネズミはめったに鳴かず（フシュと警戒音は出しますが）、においも少ない、集合住宅でも飼いやすい動物です。でも夜行性ですから、活動するのは当然夜。警戒心が強いため、飼い主さんが起きているときは寝床で爆睡、飼い主さんが布団に入り電気を消したとたんに動き出すという、逆転の生活になることも。夜の活動音は覚悟しましょう。また、体臭は少ないものの、生き物ですからウンチやオシッコがにおうのは当たり前。毎日の掃除は必須です。

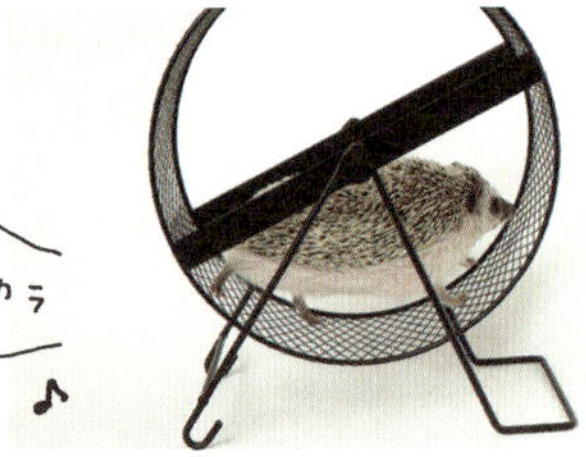

Q どれくらいなつくの？

ハリネズミによってまちまちですが、「飼い主さんの前でも自然体」くらいには慣れるかも A

人の気配がするときは姿を見せない、幻のハリネズミとなる子もいれば、どこを触ってもOKな、針を立てることを忘れたような子もいます。残念ながら後者はとてもレアなケース。しかし、飼い始めは警戒心マックスでも、徐々に飼い主さんのにおいに慣れ、飼い主さんの前でも普通に活動するようになる子が多いもの。たとえなつかなくても、姿を見せてくれるだけで、そこにいてくれるだけで幸せ♡ それがハリネズミ飼いの心得です。

Check!

外来生物法について知っておこう

外来生物法とは、日本古来の生物の生態系を守るため、海外から持ち込まれる生物を規制する法律です。現在、世界にはさまざまな種類のハリネズミがいますが、日本で自由に飼育できるのはヨツユビハリネズミだけ。ほかの種類はこの法律により「特定外来生物」または「未判定外来生物」に指定されており、許可なしでは日本に輸入できません。

しかし、東アジアから北東アジア出身のマンシュウハリネズミが、国内の一部地域で野生化しているのが見つかっています。実はかつて、マンシュウハリネズミは輸入可能で、日本でペットとして飼われていました。それが、捨てられたり逃げ出したことで自然繁殖し、規制の対象となってしまったのです。悲しいことですが、現在、ヨツユビハリネズミも捨てられる子が増えています。捨てられたのち、自然繁殖が確認されれば規制の対象となるでしょう。ハリネズミを飼うなら、その子の命と、ハリネズミと一緒に生きる未来に責任を持たなくてはいけません。最近はハリネズミを保護し、新しい飼い主を見つけてくれる保護団体もあります。飼育に悩んだときは相談してみましょう。

飼い主さんに
聞きました！

ハリネズミとの暮らし

インスタグラムで人気のハリ飼いさんに、ハリネズミライフについて聞きました。

ハリネズミと暮らす幸せって？

@tomtom1486

スカイ(♂)

数年の海外生活から日本へ戻り、新しい生活でのストレス、思春期の子ども達へのストレスでイライラしていることが多かったのですが、スカイをお迎えしてからはイライラすることが激減しました。イライラしたらスカイと戯れることで癒され、気持ちを切り替えて笑顔になることができます。
大きな声や物音を立てるとスカイがビックリするので、家族全員がスカイのためにいろいろな面で気を遣い穏やかになり、今まで以上に家族の会話が増え絆が深まりました。
また、Instagramでスカイを紹介することでハリネズミ仲間との新しい出会い、輪が広がり、いろいろな情報を共有することで充実した毎日を送ることができています。今となってはスカイのいない暮らしは考えられません。

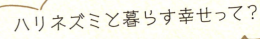

Part 1
ハリネズミって
どんな動物？

@ganmohedgehog

がんも（♂）
しらたき（♀）
はんぺん（♂）

幸せを感じる瞬間は、気持ちよさそうにリラックスして寝ていたり、ごはんをもりもり食べてくれていたり、健康的なうんちをたくさんしてくれていたり、ごくごく日常の元気な姿を見ているときです。
飼い始めの頃は抱っこさせてくれたり、かわいい写真を撮らせてくれたりしたときに幸せを感じていましたが、今ではいてくれるだけで、存在そのものが幸せです。

@choco_mint.hedgie

チョコ（♀）
ミント（♂）

SNSやテレビなどで最近ハリネズミがいろいろと取り上げられ、かわいらしい姿のイメージが強く持たれる印象ですが、犬や猫のように懐いたりじゃれあったりすることは基本的にはない動物です。
我が家のハリネズミも8割ツンツン、2割デレデレというツンデレであり、未だに針を立てられて痛い思いをすることもたくさんありますが、ふとしたときに見せる表現豊かな仕草や表情に胸がキュンとなることがたくさんあります！

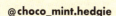

@ayabribrick

そら（♂）

ハリネズミと暮らす幸せは、やはり「癒し」だと思います。スキンシップやコミュニケーションを求める方には物足りないかもしれませんが、この不思議なかわいい生きものを見ているだけで幸せな気持ちになります。

@bon_amu

ぼん（♂）
あむ（♀）

飼い主を信用して怖がらないで向き合ってくれるので、お世話が大変なところも、拗ねて全然こっちを向いてくれないところも、全部含めてすべてが幸せです。
おなかをマッサージさせてくれたり、こちらをじっと見つめてくれたり。かと思いきや、針を立ててフシュフシュ怒ったり。日々の暮らしの中で、いろんな姿を見せてくれるところが楽しいです。

@uni_desu

うに（♀）

とても臆病なハリネズミですが、少しずつ飼い主のことを覚えて触れ合える範囲が増えてくると、心を許してくれているようでとても幸福な気持ちになります。
夜中に起きて遊んでいる姿や、昼間におなかやおしりを出して寝ている姿をコッソリ見るのもとても楽しいです。

@milkmilk_hello

みるく（♀）

ハリネズミはあまり懐いたり触れ合ったりできませんが、ときどきケージの寝袋の中からお顔を出してスンスンとこっちを見ていて目が合ったとき、言葉では表せないぐらい愛おしく感じます。小さな体ですが存在感がすごくあり、幸せな気持ちになれます。

@radotink_hedgehog

ラド（♂）、ティンク（♀）
コニー（♀）、ジェラトーニ（♂）
フィガロ（♀）、おーしゃん（♂）

ハリネズミを飼い始めて約3年経ちますが、犬猫のように懐くことがないと思って飼い始めて、かわいい仕草を見ているだけで幸せだと思っていたのに、最近は向こうから寄ってきて、手に乗ったり、マッサージをさせてくれて眠るようにまでなりました。その日によって気分屋なところにも心を鷲掴みにされています。

@ron_hari

玻璃《ハリ》（♂）、小鞠《こまり》（♀）、
萩《おはぎ》（♀）、椛《もみじ》（♀）、櫂《カイ》（♂）

ハリネズミを飼い始めて、頭の中はいつもハリネズミのことを考えるようになってしまいました。飼育設備や食事のことなどいろいろ工夫を重ねて世話をしていく中で、ハリネズミが自分から顔を出してくれるようになったり、リラックスした姿を見せてくれるようになることがとても嬉しいです。

ハリネズミの魅力を教えて！

ハリネズミは神様たちが集まって、平和でかわいくて面白い動物を作ろうとみんなで知恵を出し合って生まれた動物だと思っています。

一番好きなところは、攻撃をしないで自分の身を守るところです。

自分の身を守るために背中の毛を針にしました。丸まって身体の柔らかい部分を隠すことで敵から逃れます。唯一の攻撃はその形になって 2cm程跳ねることです。

なので、敵は驚いて逃げますが、敵を傷つけることはありません。

だから、ヨーロッパではハリネズミは平和のシンボルと言われるのかもしれません。

仕草の中で一番かわいくて面白いのはあくびです。

あくびをするときに必ず先に舌を出します。その舌がびっくりするほど長いんです。それから、大きな口を開けてあくびをします。その際、頭頂部の針が左右に分かれます。小さな怪獣が吠えているようです。

@radotink_hedgehog

ハリネズミはとても表情豊かで、嫌なときは渋い顔をし、眠いときは本当に眠そうな顔をし、大好物を見つけたときには瞳をキラキラさせているのがとてもよくわかります。
背中の針をいっぱい使って不満を訴える姿も愛おしく、魅力を感じます。

@uni_desu

Part 1
ハリネズミって どんな動物？

ハリネズミは１匹１匹性格が大きく違います。
人懐こくて抱っこしても全然怒らない子。朝に人が起きてくると一緒に起きて顔を出す子。臆病でごはんもこっそり食べにくる子。怒りん坊でいつも怒っている子。いつもいつもごはんを催促してくる子など、本当に性格がバラバラで個性豊かです。
臆病な子や怒りん坊な子でも、少しずつ心を開いてくれるので、手からごはんを食べてくれるようになったり、散歩中に駆け寄ってきてくれたり、ちょっとした瞬間が嬉しいです。

@ron_hari

ハリネズミの魅力は何と言っても「ツンデレ」なところです。

構ってほしくないときの逃げ足は速く、私の手をすり抜けて自分の寝袋めがけて一目散に走り去り、寝袋に入った途端背中を向けて無視します。

反面、甘えてくるときは何とも言えない愛くるしいお顔で見つめてくるし、針もペタッとねているのでなでても抱きしめてもまったく痛くありません。

家族の中でもとくに私には気を許しており、針やおなかをなでているととろ〜んとした表情になり、そのまま手の上で仰向けになって舟を漕ぎながら爆睡を始めてしまいます。また、普段お昼寝中の寝袋から出てこようとしないのですが、私が横に座ったり寝転んだりすると寝袋からかわいいお顔をヒョコッと出し、私に寄り添って寝たりもします。

こんなにかわいいツンデレな生き物はハリネズミの他にいないでしょう。

@tomtom1486

背中のトゲトゲとは真逆の、おなかのモフモフ感と肉球のモチモチ感がたまりません！
何かによじ登ろっとしてこけたりしているどんくさいところ、警戒心が強いくせにおなかやおしりを出して寝ているときもあったり、おなかマッサージをしたときにとろけ顔を見せてくれたり。
イライラしていたり落ち込んでいるときでも、「ふふ」とつい笑ってしまうような行動をして飼い主を癒してくれます。

@ganmohedgehog

ここが知りたい！

ハリネズミの体

“ツンかわ”なハリネズミの体をクローズアップ！

針

針の数は大人で約5000本。針はケラチンの薄い壁が何層にも重なった構造で、軽くて丈夫。半年くらいかけて大人の針へ抜けかわります。

しっぽ

ときどき見える小さなしっぽは、長さ2～3㎝ほど。その役割はよくわかっていませんが、たまにピンと上向きになることも。

爪

イヌネコのような鉤爪ではなく、人間と同じ平爪に近い。野生では地面を歩くうちに自然に削れますが、飼育下では伸び続けるので爪切りが必須です。爪が湾曲しているのは伸びすぎている状態です。

足

ヨツユビハリネズミは、後ろ足の指が4本なのが特徴。前足の指はほかの種類のハリネズミと同様5本あります。足の裏全体を地面につけて歩きます。

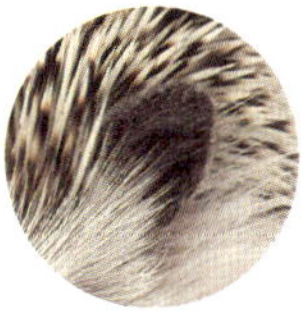

耳

耳介（じかい）が大きく、丸みがあるのが普通。耳の先がギザギザになったり、かさぶたのように硬くなるのは病気のサインです。優れた聴覚で、人より広範囲の音を聞きとることができます。

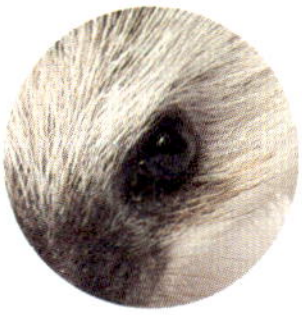

目

眼球の大きさに比べ、眼球が収まるくぼみ（眼窩）が浅めなので、横から見ると目が少し飛び出ているのが特徴。視力は弱く、ほぼモノクロの世界を見ています。

口

細長く、主食の虫をつまみやすい形。顎の力は弱いので、硬すぎる食べ物は顎に負担をかけてしまいます。

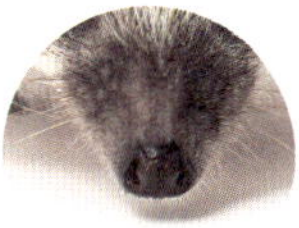

鼻

鼻の穴は上のほうにあり、鼻先は少し湿っています。鼻先が乾いているときは体調不良の可能性も。感覚器の中では嗅覚がいちばん鋭く、周囲の状況を知るのに嗅覚に頼る部分が多いのも特徴です。

歯

歯は全部で 36 本。上顎中央の 2 本の切歯（せっし）の間に下顎の切歯が収まるようになっていて、虫を捕えるのに適しています。生後 7〜9 週で乳歯から永久歯へと徐々に生え変わります。

Check!

オス・メスの見分け方

メス

肛門のすぐ上に生殖器があります。ハリネズミのメスは、膣口（ちつこう）と尿道口は分かれていません。

オス

肛門から少し離れたおなかの中心、おへそのように見えるのが生殖器。精巣（せいそう）はおなかの中にあります。

ここが知りたい！

ハリネズミの気持ち

性質、習性を理解すれば、ハリネズミの気持ちが見えてくる……かも。

♡ 気持ちを知るためのキーワード／その1

『野生の生活と習性』

野生の世界では、ハリネズミを食べようと狙っている動物がたくさんいます。空にはワシやタカ、フクロウなどの猛禽類が、地上にはキツネやアナグマなどの肉食動物が目を光らせているのです。そんな中、体が小さく戦闘能力の低いハリネズミは、ひたすら守りに徹することで生き延びてきました。天敵に見つからないよう暗い夜に活動し、昼間は木の茂みや根の間などで身を隠して眠ります。そして少しの音や気配でも瞬時に反応し、最大の防御である背中の針を立てるのです。また、単独で生活する動物なので、他者とコミュニケーションをとる習性はありません。

そんなハリネズミの感情は、主に「不安」と「安心」の間を揺れ動いていると考えられます。そして、基本的にひとりでこっそり生活したい臆病なマイペース型。「わたしに気づかないで」「気づいても近寄らないで」とビクビク、トゲトゲしてしまうのがハリネズミなのではないでしょうか。

ハリネズミってどんな動物？

♡ 気持ちを知るためのキーワード／その2
『成長や環境による変化』

　基本的に臆病で、ひとりでいたいハリネズミですが、どの動物もそうであるように、成長段階による性格の特徴はあります。例えば、1歳くらいまでの子ども〜青年期は好奇心旺盛で活発ですが、おとなになるほど用心深くなり、行動も落ち着いてきます。また、飼育下のハリネズミは幼少のころの環境も、その後の性格に多少なりとも影響を与えます。幼いころから人の手に接していれば、人に対しての警戒心が弱くなることもあるでしょう。

個性を受けとめて！

♡ 気持ちを知るためのキーワード／その3
『個体差・性格』

　動物としての気質のほかに、個々の性質、性格もさまざまなのがハリネズミ。イヌやネコなら性別による性質の傾向が多少ありますが、ハリネズミに至ってはそのような傾向が見当たらず、持っている性質はまちまち。警戒心の強さに差があるのはもちろん、人に慣らす方法や受け入れやすいスキンシップなども変わってきます。その個性は、その子だけが持つ、大切な宝物のようにも感じられます。

ここが知りたい！

ハリネズミのカラー

90を超えるカラーバリエーションの中から一部をご紹介します！

Salt & Pepper

ソルト＆ペッパー

白い針に黒いバンド（帯状に色がついた部分）があり、塩（ソルト）と胡椒（ペッパー）が混ざったようなカラー。「スタンダード」とも呼ばれます。

そら

スカイ

ティンク

コニー

フィガロ

詰め合わせでーす

おーしゃん

そら

みるく

チョコ

リラックス〜

萩

Pied

パイド

体に白い針でまだら模様が入っている
パターンをパイドと言います。どのカ
ラーでも可能性があります。

かわいい
模様でしょ!

櫂

ハリネズミのカラー つづき

Chocolatechip

チョコレートチップ

ラド

白い針にチョコレート色のバンドがあるカラー。「チョコレートスノーフレイク」とも呼ばれます。

Chocolate

チョコレート

うに

白い針に濃い茶色のバンドがあるカラー。

Brown

ブラウン

白い針にオークブラウン（明るめの褐色）のバンドがあるカラー。

ジェラトーニ

しらたき

はんぺん

Albino

アルビノ

針はすべて白一色でバンドはありません。目が赤いのが特徴。

Cinnamon

シナモン

白い針にシナモンブラウン（薄茶色）のバンドがあるカラー。

小鞠

Silver charcoal

シルバーチャコール

白い針に薄い灰色のバンドがあるカラー。

ミント

ここが知りたい！

ハリネズミの一日

ハリネズミの生活リズムとお世話の流れを確認しておきましょう。

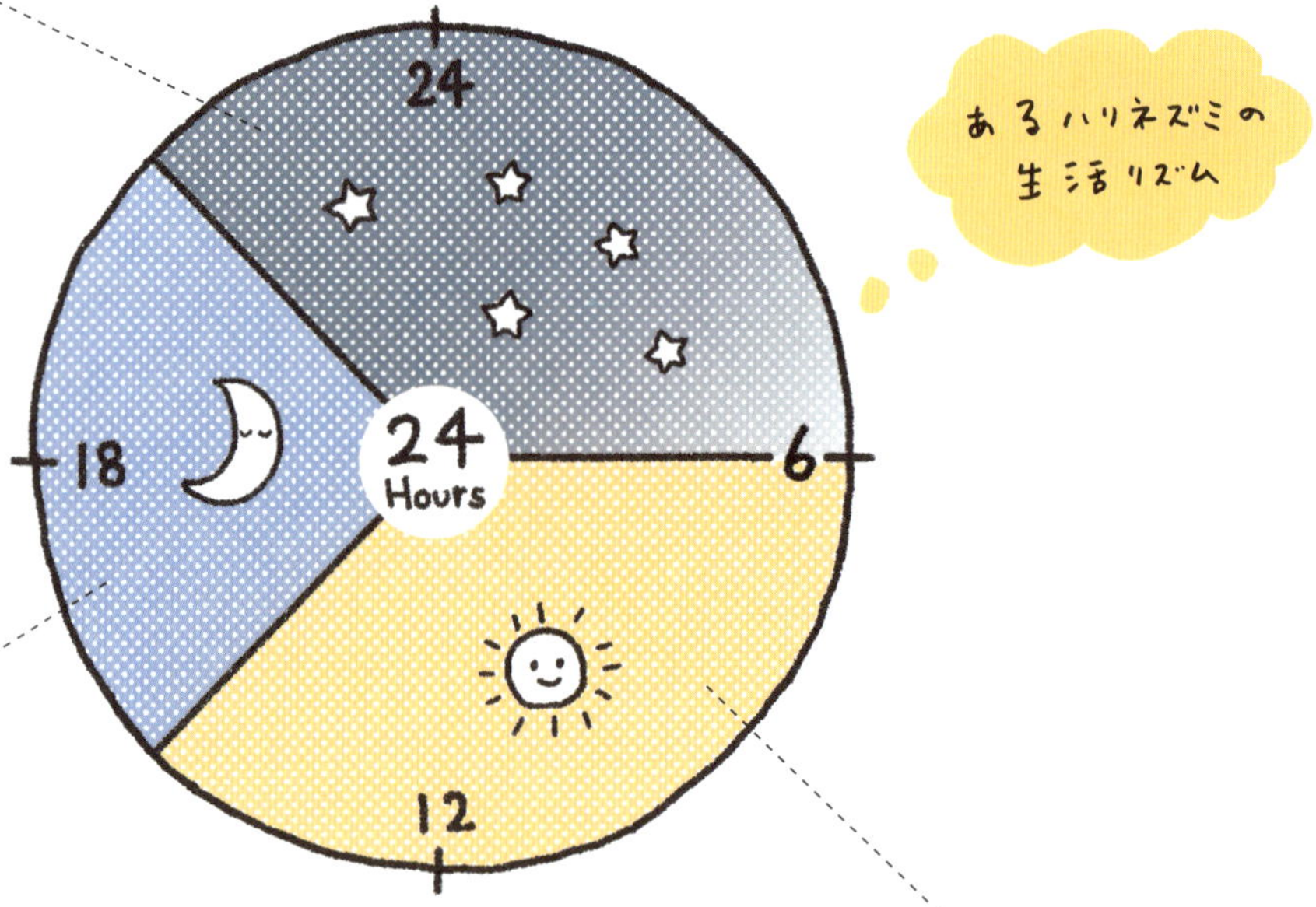

朝～昼

夜行性のハリネズミは明るいのが苦手。昼間は暗い場所に隠れて熟睡タイムになります。ハウスをカバーで隠すなど暗い環境にする必要はありませんが、ケージには近づかず、静かに休ませてあげましょう。

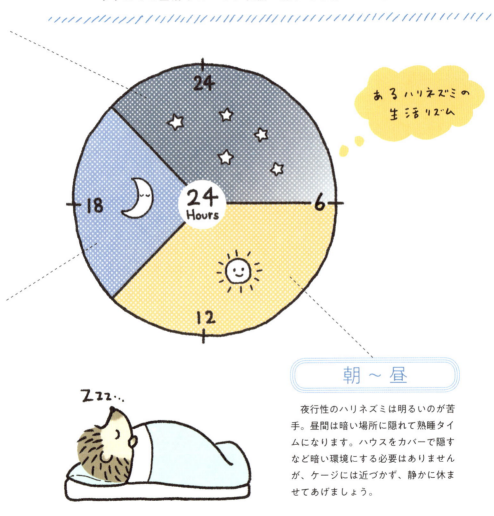

深夜～早朝

飼い主さんが寝静まった後も、ハリネズミの活動は続きます。ずっと起きているわけではなく、運動したり休んだりしながら夜を過ごしているようです。周りが明るくなるころには、寝床で就寝。

お世話は起きている時間にしよう

お世話やスキンシップは、基本的にはハリネズミが起きている時間に行いましょう。ハリネズミが活動を始めたら、ハウスから別の場所に移し、ハウス内の掃除、水の交換を手早く行います。食事を与え、健康チェックも忘れずに。食事は夜、数回に分けて与えるのもいいでしょう。

夕方～夜

夕方、薄暗くなるころに起き始め、のそのそと活動を開始します。いちばん活発になる時間帯は21～24時。野生なら、起きている時間のほとんどをエサを探して歩き回り、食事をとることに使います。

ここが知りたい！

ハリネズミの一生

ライフステージに合ったお世話を心がけましょう。

ハリネズミのライフステージ

子ども

生まれたてのハリネズミは体長約2.5cm、体重10～18g。生後1か月～2か月で離乳します。この時期はできるだけ母ハリに育児を任せ、飼い主さんがお世話をするのは必要最低限に。

おとな

メスは生後2か月後くらい、オスは生後6か月後くらいから性成熟します。安易な繁殖を防ぐために、ハウスは1頭ずつ別々にしましょう。活発な時期なので、ハウス内でも運動できる工夫を。

シニア

3歳を過ぎると徐々に老化現象が現れ始めます。健康チェックをこまめに行い、個体の運動能力に合わせて回し車を撤去するなどハウス内の環境を整えていきましょう。

Q 針はいつから生えるの？

生まれてすぐに生えてきます A

生まれるときは母ハリの産道を傷つけないよう針は生えていませんが、生後１時間で白いやわらかい針が現れ、24時間で生えそろいます。生後２日には針が硬くなり、生後２週には体を丸めるように。生後６週で大人の針に生え変わり始めます。

［生後３日］

［生後５日］

［生後14日］

［生後20日］

Q シニアになったら気をつけることは？

食事や生活環境に気を配ろう A

さまざまな体の機能が衰えてきます。運動量が減ってきたら、早めにハウス内の段差はなくしましょう。食事量が減った子には栄養価の高いものを、食事量が変わらない子には低カロリーの食事を与えるなど、食事内容も調節しましょう。

ここが知りたい！

ハリネズミのおうち

一日のほとんどを過ごすハウス。安心・安全な場所にしましょう。

ケージの基本レイアウト

給水ボトル

ハリネズミが顔を上げて届くくらいの高さに設置。給水ボトルを使えない場合は、深さのあるお皿に水を入れて置いておきましょう。

回し車

背中が反らないよう大きめサイズ（直径 30cm程度）を選び、しっかり固定します。走りながら排泄するのでペットシーツを敷いても。

床材

足の保護や防寒対策に、床には柔らかい床材を敷き詰めましょう。いろいろな場所で排泄するので吸水性がよく、安全なものを選んで。

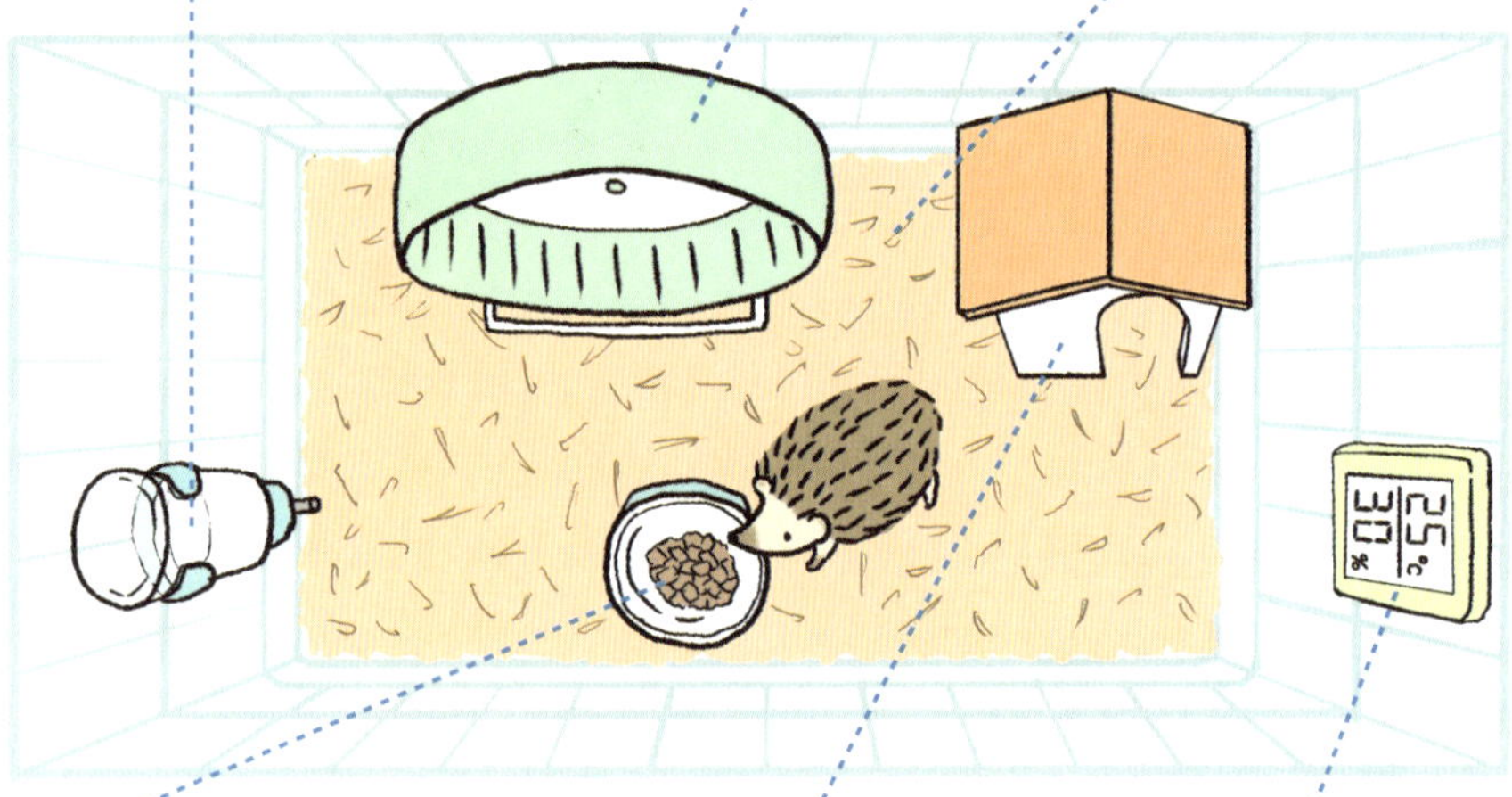

フード皿

トイレがある場合は、トイレから離れた場所に置きます。出しっぱなしは不衛生なので、とくに夏場は食後は皿を下げるようにして。

寝床

四隅のいずれかに設置。ハウス内にトイレを置く場合はトイレから離れた場所に。また、振動や音がいちばん少ない場所を選んで。

温湿度計

同じ室内でも日当たりや風通しで温度や湿度は変わるもの。温湿度計はハウス内、またはハウス近くに取りつけましょう。

おうちの基本グッズ

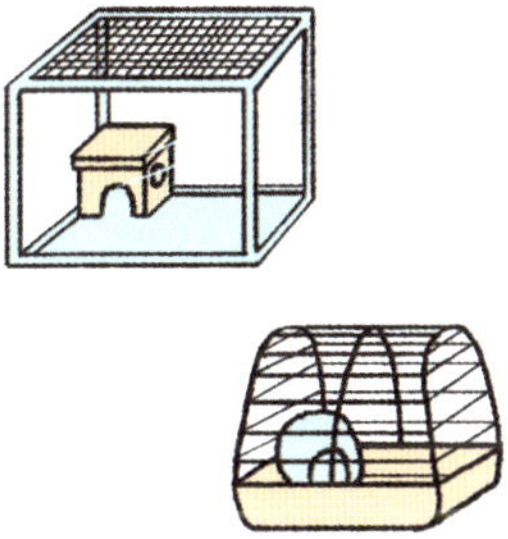

食器・給水器

食事や水を入れる食器は、ひっくり返されないよう、重さがあり、傷がつきにくいものがいいでしょう。陶器やステンレス製がおすすめです。給水器も吸い口がステンレス製のものなら、かじられても安心です。

ケージ

うさぎ用など、広めのケージを用意。脱走防止のため金網ケージは金網の幅が狭いものを選んで。ガラスケージにもフタをつけましょう。ほかにも水槽、プラケース、衣装ケースなどが利用可能。冬場は寒さ対策を万全に！

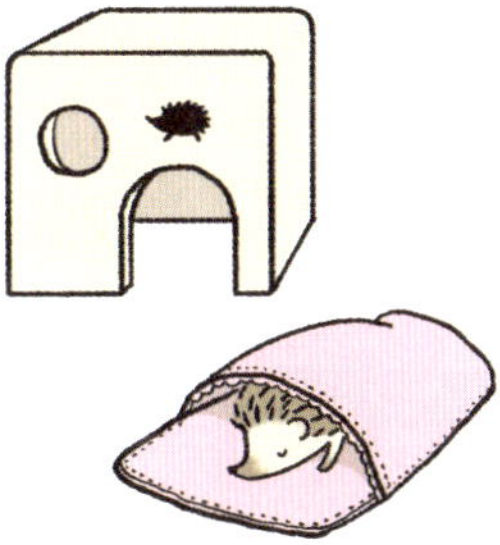

寝床

小動物用の巣箱、観賞魚用のシェルターなどが使えます。木製のものはアレルギー反応が出ることもあるので注意。フリースなどの生地を袋状にした寝袋もハリネズミは大好き。冬はとくに暖かく過ごせるようにしましょう。

床材

ウッドチップや牧草、小動物用のトイレ砂、新聞紙、トイレシーツなどが主な床材として使われています。アレルギーが出ず、かじっても安全なもの、また排泄した部分は毎日交換が必要なので、掃除しやすいものを選んで。

飼い主さんに
聞きました！

ハリネズミとの暮らし～おうち編～

インスタグラムで人気のハリ飼いさんに、暮らしの工夫について聞きました。

@ganmohedgehog 家

ケージはオーダーケージでアクリルケージです。暗いところが好きな子達なのでケージの中には落ち着いて寝られるようなハウスを置いています。横のパンチングパネルを付け外しできるので一年を通して温湿度管理がしやすいです。

ハリネズミの生活環境でいちばん気をつけるべきことは温度管理だと思います。1年を通してエアコンやヒーター類など何もつけなくて大丈夫な季節は本当に短いです。夏場も冬と同じ 26℃をキープするにしても涼しい 26℃ではなく暖かい 26℃をキープするように気をつけています。

夏場はエアコンを 24 時間つけっぱなしにして、でもおなかや手足が冷えないように寝床のハウスの下半分にはヒーターを敷いています。

冬場は上からの遠赤外線のヒーターをサーモスタットにつないで熱くなりすぎないようにして寝床の下にはパネルヒーター。エアコンも 24 時間つけています。

ケージの中には暑すぎたときにハリネズミ自身で調節してもらうために少しだけ温度の低いところを作るようにしています。

とにかく1年を通して温度管理にはかなり気を使っています。

へやんぽスペースは部屋に 100 均で買ってきたネットを結束バンドで留めて2畳ほどのスペースを作りました（左下写真）。夏でもエアコンで冷えすぎてもよくないのでグレーの部分はホットカーペットで夏場でもつけています。

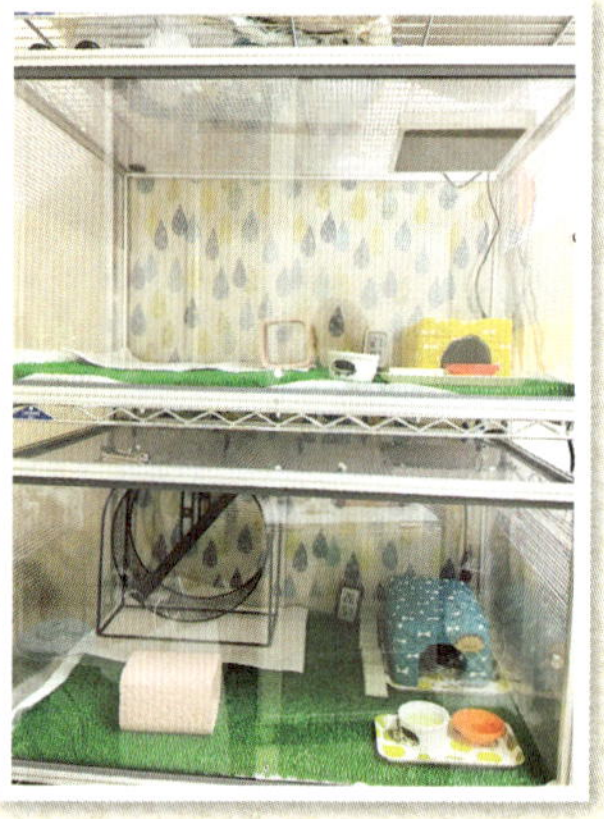

@ayabribrick 家

我が家のケージは手作りです。2匹いたので二階建てのケージですが、1匹が亡くなり、空いている2階部分は撮影用に。季節により模様替えもしています。

ビッグサイレントホイールの入るサイズで、ロフトも作りました。天井部分には網を取り付けて、ヒーターを差し込めたり、ミニタオルなど差し込んで加湿器代わりにしています。

ケージの下も底上げして、ヒーターを差し込めるようにしています。直接ヒーターに当たるとプラスチックなど変形してしまうくらい高温になることもありますが、底上げしてあげれば、空気層全体が温まり、快適だと思います。

サーモスタットはとても便利です。温度設定さえしていれば自動でヒーターがついたり消えたりします。夏場でもエアコンが効きすぎて温度が下がった場合にはヒーターが作動します。

へやんぽ（リビングの散歩）もさせています。我が家ではプラスチックのブロックで作ったハウスを部屋の隅に置いているのですが、そこがお気に入りで必ず入っていきます（左下写真）。

@bon_amu 家

ガラスケージの中に、寝床（毛布を入れた暖かいところ）と回し車とごはん皿とお水があります。

下はペットシーツです。季節ごとに温度調節は欠かせません。夏は冷房を、冬は暖房を24時間つけっぱなしです。パネルヒーターを寝床の下にも置きます。

お散歩スペースは家の中の広い場所。動くことが大好きなので、走り回れるようなスペースを確保しています。柵を使い、狭いところには入らないように気をつけています。

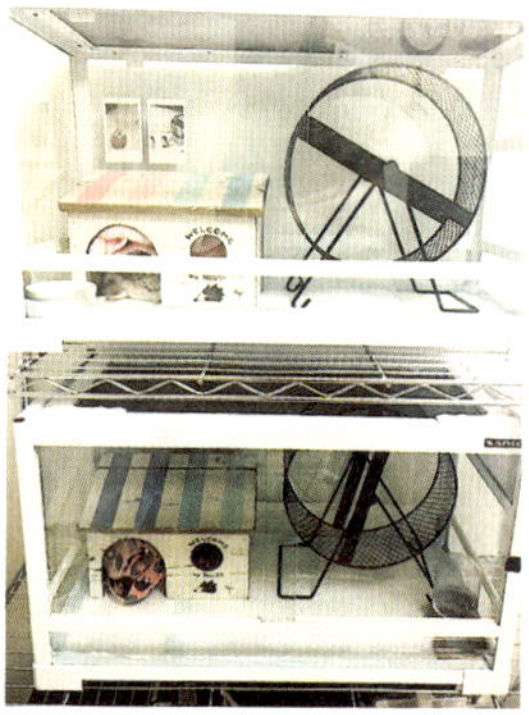

@uni_desu 家

普段過ごすケージのほかに、リビングでは柵で囲った遊び場のスペースを作っています。

どちらも温度管理をしっかり行い、夏は扇風機やエアコンの風を直接当てないようにし、冬はヒーターや床暖房を駆使して適温を守っています。湿度にも気をつけて、除湿機や加湿器を使用しています。

遊び場で過ごすときには、ハリネズミの本能をくすぐるようにトンネルを作ったり、大好物のミールワーム探しができるようにミールワームが入ったお皿の場所を変えるなど工夫しています。

@ron_hari 家

地下室があるアクリル製のケージで暮らしています。普段は地下室で寝ています。ごはんの時間や夜の活動時間になると上階に上がってきます。

ケージは季節ごとにサーモスタットと暖房を設置して温度調整をしています。

季節に合わせて飾りつけなどもしていますがハリネズミが触れない場所に限定して楽しんでいます。

時間があるときはリビングに出して自由に散歩をさせています。リビング内にもところどころに隠れ家を設置しているので、お気に入りの場所に隠れたりしています。

@radotink_hedgehog 家

ハリネズミは単独行動なので１ハリネズミ１ケージです。

へやんぽさせるときは、暗いところに潜るのが大好きなので、人間のフットウォーマーをベッド代わりに置いたり、ソファの下などで自由に遊べるように清潔を心掛けています。

丸まらないハリネズミ

自慢のウンチ

Part **2**

ハリネズミの暮らし

01　はじめまして！　仲よくしようね

はじめての場所では とても慎重派です

From Harinezumi

最初は体調を崩しがち 気をつけて見守って

ハリネズミは、ペットショップまたはブリーダーから迎えるのが一般的。実際に見て、触れて、健康なハリネズミをお迎えしましょう。

そのとき、目安となるのが体重です。体重200g（リンゴ1個ぶんくらい）を越えているハリネズミを選びたいもの。小さいハリネズミのほうがかわいく思えるかもしれませんが、ハリネズミにかかる負担を考えてみて。本来は外敵の目を忍びひっそり生きている動物が、捕えられ、知らない所へ連れて来られたの

ハリネズミの健康チェックポイント

- 目がぱっちりしていて目やにが出ていない
- くしゃみ・鼻水が出ていない
- 耳に汚れや傷がない
- 針がたくさん抜けていたり脱毛していない
- 肛門、生殖器のまわりが汚れていない
- 足を引きずったり、ふらついたりしていない
- ゲリをしていない

です。「食べられちゃうの？　どうなるの？」と、ギリギリの精神状態で、体力も消耗するはず。小さい体では乗り切れないこともあるのです。基礎体力のある子を選びましょう。

元気なハリネズミでも、家に迎えてしばらくは不安でいっぱい。ずっと隠れている子も多いものです。ハリネズミが顔を見せるまでは、最低限のお世話（食事と簡単な掃除）だけ行い、そっとしておいてあげましょう。姿を見せなくても食事が減り、ウンチをしているようなら大丈夫。でも、2～3日食事をしていない場合は心配です。ハリネズミを購入したペットショップやブリーダー、獣医師に相談してみましょう。

02 どんなハウスがお好み？

広くて静か
温室のようなハウスが好み

From Harinezumi

ハリネズミハウスはおうちの一等地!?

暑くも寒くもなく、静かで広いハウス……。まるで温室育ちのお嬢様のようですね。でも、この例えは意外と的を射ているかもしれません。

日本で飼えるヨツユビハリネズミの故郷は、西アフリカから東アフリカにかけての赤道付近。一年中高温で、「温室」どころか「熱帯育ち」。本来、寒暖差のある日本の自然下では生きていけない動物です。一年中温度・湿度管理は必須。ハウスを置く場所は、エアコンのある冷暖房完備の部屋で、かつエアコンの風が当

ハリネズミの快適ハウスポイント

- ケージサイズは最低約 70×45cm。
  広ければ広いほど◎！
- 体内リズムが崩れないよう
  ハウスを置く部屋は日中は
  明るく、夜は暗くする
- 快適な温度は 24 〜 29℃
  湿度は 40％まで

たる場所、窓際など温度差がある場所は避けなくてはいけません。

　また、周囲の気配や音にとても敏感なので、うるさい場所では神経も針も逆立ったまま、落ち着くことができません。振動が少なく静かな場所を選びましょう。

　さて、ここまで好条件をそろえても、「外の世界も見たいの」とばかりに、脱走を試みる子もいます。しかし、ハウスの外の世界には電気コードや落下物など危険がつきもの。もし迷子にでもなったら、体が小さいだけに見つけ出すのも大変です。ハリネズミがよじ登れないようハウスの高さは十分にとり、ノタをつけるなど脱走対策も忘れずに。

03 ハリネズミも運動が必要？

物陰でじっとしているのは世を忍ぶ仮の姿かも

From Harinezumi

実は好奇心旺盛で活発な動物です

ハリネズミは物陰でじっとしているイメージがありませんか？　しかし、それは世を忍ぶ仮の姿。夜行性のハリネズミは、昼はじっと隠れていても暗くなり敵の気配がないとわかれば、獲物を求め活発に活動を始めます。電気を消した途端、回し車を激しく回す音が聞こえてきて驚く飼い主さんも多いのでは。

ヨーロッパハリネズミのデータですが、野生のハリネズミは１日に３～４㎞は歩き回るそうです。３㎞といえば、不動産の徒歩所要時間に換

算すると徒歩40分程度。ハリネズミの体の大きさを考えたら、なかなかの運動量ですよね。

日本で飼われているヨツユビハリネズミは、ヨーロッパハリネズミの半分くらいの大きさです。1日3～4㎞には及ばないでしょうが、動きたいという本能があるはず。ハウスには回し車やトンネルなど、体を動かせるオモチャを置き、本能を満たしてあげましょう。

ハリネズミが怖がらなければ、部屋の中をさんぽさせる「へやんぽ」もいい運動になります。でも、前述したようにハウスの外には危険がいっぱい。ペットサークルで場所を区切るなど、安全に楽しめる工夫を。

04 ごはんは何が食べたい？

主食はほどよくやわらかい
ハリネズミフードを希望

From Harinezumi

ハリネズミフードは多種類ミックスが◎

主食には、市販されているハリネズミ専用フードを与えます。でも、「もっと喜ぶものを」と考えるのが飼い主ごころ。ハリネズミが好んで食べるものは何でしょうか？

ハリネズミは昆虫食傾向の雑食性。野生では昆虫のほか、ミミズ、カタツムリ、カエルなど。また鳥のヒナや卵、果実、種子などを食べます。栄養素の目安は、たんぱく質30～50％、脂質10～20％、繊維質15％、その他となります。

しかし、これらのデータはヨー

ロッパハリネズミを調査したもの。実はヨツユビハリネズミが野生で何を食べているのかは、詳しくわかっていないのです。ですから、安全と言われている野菜や果物でも、ヨツユビハリネズミにとっては消化しにくいものもあるので、安易に与えるのはおすすめできません。

食事を工夫するなら、手作りよりも、ハリネズミフードを多種類与えるといいでしょう。偏食を防ぐことができますし、さまざまな栄養素をとることで健康にもつながります。

また、ハリネズミの歯や顎は硬い物を食べるのには不向きです。ドライフードはお湯でふやかし、やわらかくして与えましょう。

05 おやつのオーダーはある？

おやつにはやっぱり
虫が最高です！ *From Harinezumi*

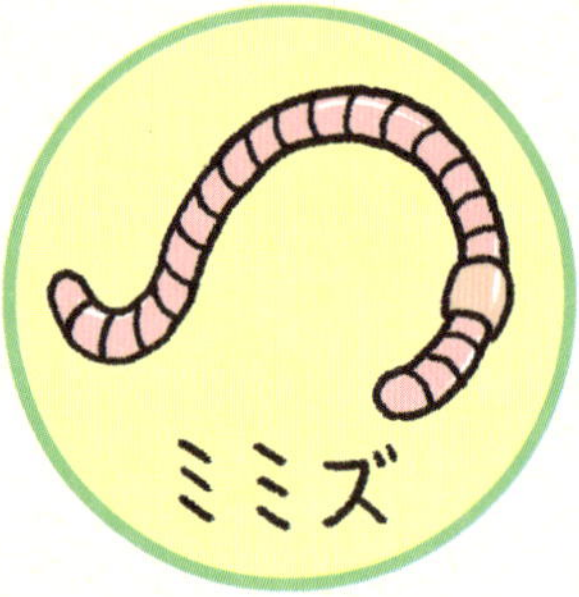

美味＋歯垢もスッキリ 虫おやつは一石二鳥

　ほとんどのハリネズミは虫が大好き。ペットショップなどで売られているミールワーム（ゴミムシダマシ科の幼虫）や、コオロギ、ミミズ（中毒症状を起こすシマミミズはＮＧ）などを与えてみてください。普段見せない「野生の顔」が垣間見れるかも。

　ただ、いくら食いつきがよくても、虫類はおやつにとどめましょう。野生の虫は衛生面が心配なので、ハリネズミに与えられるのは市販されている虫のみ。それだけでは必要な栄養がほとんどとれません。虫おやつは、動物本来の喜びを満たすもの、また食欲を促すものとして、１日２～３匹程度で十分です。

　また、虫の繊維質は歯の歯垢をとるのに最適。主食となるふやかしたハリネズミフードは歯垢がつきやすいので、主食を食べさせた後、虫のおやつを与えれば歯の健康効果も期待できるというわけです。

　なかには虫には目もくれず、ハリネズミフードをこよなく愛する子も。そんな場合は無理に虫を与える必要はありませんが、おやつタイムはハリネズミとコミュニケーションがとりやすい時間でもあります。主食以外でハリネズミが飛びつく好物を見つけてあげたいものですね。

06 健康の秘訣は？

ストレスフリーな
毎日が健康を作ります
From Harinezumi
?

個性に合わせたお世話をしましょう

適切な環境と正しい食事。それがどんな生き物にも共通する健康の秘訣です。もちろん、飼い主たるもの、たとえ針で刺されようがいろいろなお世話をしてあげたい……という心づもりでいることでしょう。でも、献身的な「いろいろなお世話」がハリネズミのストレスになることも。

ペットとしての歴史が浅いハリネズミはまだ謎が多く、飼育法も完全に確立されていないのが事実。少しの認識の違いがストレスを与えたり、病気につながることもあります。で

爪切りのポイント

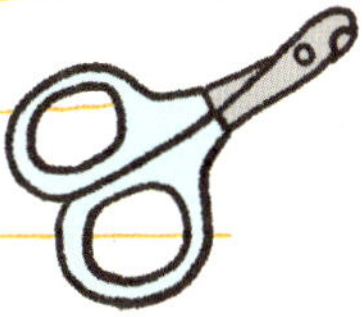

＊爪切りは小動物用の
はさみタイプがおすすめ

＊爪の中に通っている
血管を切らないよう注意

すから、ハリネズミの健康を守るには、まずはその子をよく観察することが大切です。ハウス内で落ち着いて生活できているか、食事はきちんととれているかを見極め、何かストレスを感じているようなら飼育環境を見直すことを忘れずに。

病気やケガを防ぐためにはお風呂や爪切りもやってあげたいお世話です。でもどちらも野生ではしないことなのでストレスになる子も多いもの。慣れなければ、お風呂は足をお湯につけて汚れを落とすだけにする、爪切りは動物病院でしてもらうなどの対処を。触られるのが苦手な子は健康チェックも目視だけにするなど、個性に合わせたお世話をしましょう。

07 トイレを覚えてほしいな

動いているとウンチが出ちゃうので……

From Harinezumi

期待しないでトイレ・トレーニング

小さい体のわりには、なかなかの排泄量を誇るハリネズミ。しかも動きながら排泄するので、あちこちに散ったウンチやオシッコの掃除は大変です。

自由奔放に見えるハリネズミの排泄ですが、実はいくつかのルールが存在するようです。

◆寝床では排泄しない
◆動いているときに出てしまう
◆すみっこなどで隠れてすることも
◆同じ場所にする子もいる

これらはすべてのハリネズミに該当するものではなく、個体差がかなりあります。あなたのハリネズミの排泄ルールを探ってみましょう。排泄する場所が決まっている、この素材の上ではぜったい排泄しない、などのルールがわかれば、うまくトイレに誘導できるかもしれません。

〈トイレ・トレーニングの手順〉
①よく排泄する場所にトイレを設置
②トイレに排泄物のにおいを残す
③トイレ以外の排泄物は撤去

②と③を繰り返すことでトイレを覚えてくれるハリネズミもいます。

でも実際には、トイレを覚えるハリネズミは20匹中1匹程度。トイレを覚えなくても、元気なウンチをしてくれるなら幸せ♡と思ってみて。

08 季節によってお世話が変わる？

日本の冬は寒すぎ、夏は湿度が高すぎます

From Harinezumi

ハウスの中の温度管理に注意

なぜ、ハリネズミの中でヨツユビハリネズミだけが日本で飼育可能なのか知っていますか？　それはヨツユビハリネズミが、日本の冬を越せないから。万が一、自然の中に放されても、野生化し日本の生態系を崩す心配がないからです。

せつない話ですが、ハリネズミにとって日本の冬の寒さは命を脅かすほど危険なのです。ハリネズミが快適に過ごせる温度は24~29℃。エアコンで温度管理するほか、ペットヒーターを使う、ケージをビニールハウスのようにして保温性を高めるなど、飼い主さんがハウス内の温度を管理し、守ってあげてください。

では、夏は元気なのかといえば、実はそんなこともありません。湿気が苦手なうえに、野生なら自分で涼しい場所へ移動できても、飼育下ではそうもいきません。夏でもやはりエアコンによる温度・湿度管理が欠かせません。そのほか、ハウスの風通しをよくしたり、クールグッズを利用して体を冷やせる場所を用意することも大切です。

ヒーターやクールグッズは春夏の寒暖差にも役立ちます。上手に使い、ハリネズミが自分で快適な場所を選べるようにしてあげましょう。

09 旅行の間、お留守番できるかな？

ひとりぼっちは
ちょっと不安です……
From Harinezumi

信頼できる人に預けるのがベスト

おひとりさま主義のハリネズミですが、お留守番はちょっと心配。ハリネズミの気持ちを代弁するなら「ぜんぜん寂しくないけど、わたしのお世話はだれがするの？　フシュ！」といった感じでしょうか。

ハリネズミのお留守番は次の３つをクリアしないといけません。

◆十分な食事と水の確保
◆温度・湿度の管理
◆ハウス内の衛生管理（排泄物処理）

これらを考えると、ひとりでのお留守番は一泊が限度。しかも、ドラ

イフードが食べられ、給水ボトルを使えることが条件です。停電やエアコンの故障の可能性を考えると、夏や冬は不安です。実際、飼い主さんも「ちゃんと食べているかな。トラブルは起きていないかな」と旅行中も気が気ではありません。やはり、だれかにお世話を頼むのがベスト。家族や友人、ペットシッターなど、留守のときにお世話をお願いできる人を探しておきましょう。

一緒に連れていくのは、ハリネズミのストレスや移動先での温度管理の難しさからおすすめできません。世話人を派遣できない場合はペットホテルや動物病院へ預けるほうがいいでしょう。

10 体調が悪いときのサインはある？

「いつもと違う」という飼い主さんの勘が頼りです

From Harinezumi

毎日の健康チェックでSOSを敏感にキャッチ

体調が悪いときにはアピールしてほしい……。飼い主さんならそう願ってしまいますが、弱いところを見せれば敵にやられてしまうのが動物界の常識。具合が悪いときには姿を隠してしまうので、普段から姿を見せないハリネズミは病気の発見がかなり遅れてしまうこともあります。

そうならないためにも、飼い主さんは積極的にハリネズミのSOSサインを受信しにいきましょう。

◆体重チェック
◆体温チェック
◆食事・水分量チェック
◆外見チェック
◆排泄チェック

これらは毎日しておきたいところ。コミュニケーションをとるときに毎日触れていれば体温や体重の異変は気づきやすいですし、食事量や水分量、排泄物もお世話をするときに確認できるものなので、それほど大変なことではありません。意識して毎日行うことで異変にも気づきやすくなるはずです。

とくにハリネズミのSOSサインは食欲不振や排泄物（ゲリや血尿）に現れやすいもの。緑色のウンチは単発なら問題ありませんが、2～3日続いたときには獣医師に相談を。

11 どんな病気になりやすい？

腫瘍と子宮疾患は早期発見してほしいな

From Harinezumi

症状を知っておくことが早期発見のカギ

ハリネズミにとくに多い病気が腫《しゅ》瘍《よう》。良性と悪性がありますが、ハリネズミに発症する腫瘍の約80％は悪性、いわゆる「がん」だと言われます。メスは子宮疾患も多く見られます。原因は高齢や遺伝などさまざま。腫瘍は的確な予防法がないので、症状を知り早期発見に努めましょう。

◆腫瘍

腫瘍は体のあらゆる場所に発生する可能性がありますが、ハリネズミではとくに口の中にできる扁平上皮《へんぺいじょうひ》がん、体表腫瘤《しゅりゅう》、リンパ腫、メスの

ハリネズミのかかりやすい病気

- ✳ 腫瘍
- ✳ 子宮疾患
- ✳ ダニ症（P.68）
- ✳ 真菌症（P.69）
- ✳ 歯周病（P.69）

子宮がんや乳腺腫瘍が多いです。症状は、患部が体表に近ければしこりや腫れが目立ち、体重減少やおなかの張り、ゲリ、血尿、呼吸困難など。高齢になると発症確率も高くなるので、2歳を過ぎたら定期的に検診を受けましょう。

◆子宮疾患

子宮疾患には、子宮内膜炎や子宮内ポリープなどがありますが、やはり多いのが子宮がん。多くの場合、腹部のふくらみや血尿といった症状で気づきます。血尿が出た場合、膀《ぼう》胱炎《こうえん》や尿結石《にょうけっせき》の可能性もありますが、メスの場合は子宮からの出血がほとんど。血尿が出たら様子見はせず、すぐ獣医師に診てもらいましょう。

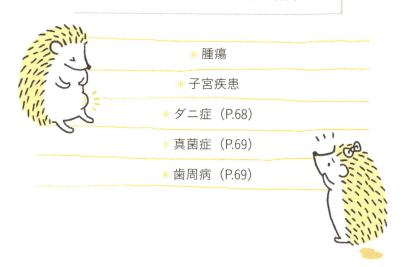

12 予防できる病気はある？

ダニ・カビは飼い始めに除去をお願いします

From Harinezumi

皮膚疾患、歯周病は飼い主さんが予防

ダニ症や真菌症《しんきんしょう》、歯周病もハリネズミがよくかかる病気ですが、これらは予防できる病気です。ただし、何も策をとらなければ高確率で発症し、放置すれば命にもかかわります。

◆ダニ症

疥癬《かいせん》ダニの寄生が多く、針の付け根にかさぶたのようなフケができたり、針が抜けたりします。症状が進むとかゆがったり食欲不振に。生まれて間もなく親から感染することが多いので、飼い始めには必ず動物病院でダニ症の検査を。

◆真菌症

真菌とはカビのこと。顔まわりや耳への感染が多く、ダニ症と似たような症状を発症します。人にうつる病気でもあるので、飼い始めに真菌症の検査も行いましょう。

◆歯周病

高齢になるほど発症しやすく、またやわらかいフードも発症率を高めています。歯磨きができればいいのですが、難しい子が多いので、おやつには硬いもの（虫など）を食べさせ、歯垢《しこう》を溜めないようにしましょう。口が臭う、食べにくそうにする、食欲が落ちるなど食べ方に変化があったときには歯周病の可能性があるので早めに獣医師に相談を。

13 トラブルへの備えはどうしたらいい？

ケガや災害時の備えをしておいてね

From Harinezumi

応急処置より移動手段の確保を

針で体を守れるため、ほかのペットに比べてケガの頻度は少ないハリネズミ。しかし、当然ですが皆無というわけにはいきません。回し車に足をひっかけ骨折したり、糸くずが足に絡まり血行障害を起こしたり、暖房器具による火傷や冬場の低体温症などのトラブルも考えられます。

それらに備え、飼い主さんができることは、頼れる動物病院を探しておくことです。体の小さいハリネズミの処置は獣医師でないと難しいもの。トラブル時には迅速に治療が受

災害時のハリネズミ救急グッズ

✳ 低体温時に体を温められる湯たんぽやカイロ

✳ 呼吸が苦しそうなときに使える酸素スプレー

✳ 止血用のガーゼや綿棒

✳ ウエットティッシュ

✳ イオン飲料や保存性の高いフード
（災害時用の食料）

けられるよう、休日や夜間でも診てくれる動物病院を探しておきましょう。さらに、そこまでの移動手段の確認、移動用のキャリーの準備もお忘れなく。

トラブルの際は、状況の確認と把握が重要です。焦る気持ちもわかりますが、獣医師に説明できるよう、どういった状況だったか（場所、時間、温度、出血箇所など）確認してから病院へ行くようにしましょう。

家庭でできる応急処置はほとんどないとはいえ、災害時のことも考え多少の救急グッズはそろえておきたいもの。上の一覧を参考に、災害時に役立つグッズをそろえて常備しておくようにしましょう。

14 どんな動物病院がいいかな？

かかりつけ医は
ハリネズミに詳しい先生に！

From Harinezumi

ハリネズミを飼う前に動物病院探しを

ハリネズミを診てくれる動物病院はまだまだ少ないのが現状です。地域差もあり、「県内にはハリネズミを診てくれる動物病院がない」なんていうことも。

そんな状況ですから、まずは飼う前に、通える範囲でハリネズミを診てくれる動物病院があるか確認しましょう。エキゾチックアニマル可でもハリネズミは不可ということもあるので、必ず電話で確認を。2〜3軒見つけておけると安心です。

ハリネズミの健康状態を把握するためには、かかりつけ医を決めておきたいもの。体調を崩してからではなく健康なうちに、まずは健康診断などで利用し、信頼できる動物病院を選びましょう。

「どんなに遠くても慣れている先生に診てもらいたい」と考える飼い主さんもいるでしょう。確かにハリネズミに詳しいことは大切ですが、長距離移動はハリネズミにとって大きなストレスになります。移動中の揺れに嘔吐することもあり、弱っている体にさらにダメージを与えてしまうことも。精密検査が必要なときはここ、緊急時はここ、など状況によって適切な動物病院を選んであげたいですね。

15 検査はストレスにならない？

寝ている間に検査される
ことが多いので……

From Harinezumi

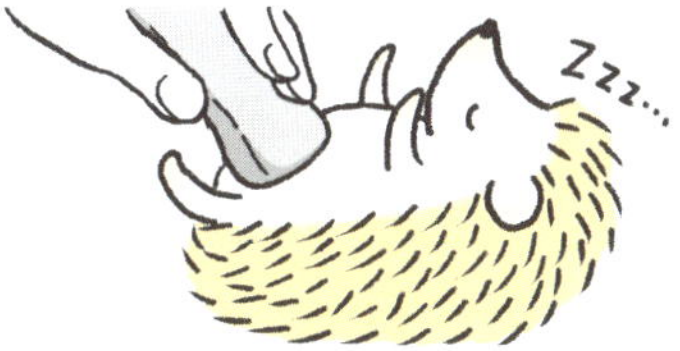

年に一回の健康診断で予防を

「できれば動物病院には行きたくありません。そもそもハウスから出たくありません」というのがハリネズミの本音でしょう。でも、ハリネズミの健康を考えればこそ、元気なときから定期的に健康診断を行っておきたいもの。健康な状態を知っていれば病気も早期発見できます。

ハリネズミの健康診断には、体重測定、身体検査（触診など）、尿検査、便検査、血液検査、レントゲン検査、超音波検査などがあり、動物病院によって行える検査も異なります。レントゲン検査までできると安心ですが、正確なレントゲンを撮るには麻酔が必要になる場合がほとんど。検査時の麻酔は手術時よりは軽く、それほど負担にならないとはいえ、100％安全というものはありません。ハリネズミの体調や年齢なども考慮し、獣医師とよく相談してから決めましょう。

健康診断は1年に1回、3歳を過ぎたら半年に1回程度受けておくと安心です。全身の針を立てて懸命に威嚇する姿を見ると心が痛みますよね。でも、ハリネズミの1年に1回は、人間でいえば10～20年に1回程度。元気に長生きしてもらうためにも、健康診断を受けましょう。

16 病気のときはどうしてほしい？

安心できる場所で休みたいです

From Harinezumi

飼い主さんにできるのは環境・食事・投薬管理

ハリネズミが病気やケガをしたときは、家での看護も必要になります。ゆっくり休める環境を整え、食事と投薬のサポートをしましょう。体を休めることが大切なので、構いすぎはNGです。

◆環境を整えよう

行動制限が必要なときは回し車などを外し、ハウス内はできるだけシンプルにします。温度・湿度を確認したうえでハウスには布をかけ、薄暗くしてあげましょう。免疫力が落ちていると皮膚炎も起こしやすいので、ハウスの掃除はいつもどおり行い清潔に。ゲリなどで体が汚れたら蒸しタオルでふいてあげましょう。

◆食事はきちんと与えたい

食欲が落ちているなら、好物を与える、ウエットフードを温めてにおいを強くするなどして、食欲を刺激しましょう。自分で食べられないときはシリンジなどを使い強制給餌を行いますが、そのときの体調で対処も異なります。まずは獣医師に相談しましょう。

◆投薬は獣医師の指示を守って

薬は決められた量を決められた期間、きちんと与えることで効果が発揮されます。獣医師に投薬法をしっかり教わりましょう。

I LOVE ♡ MUSHI

しめじの冬支度

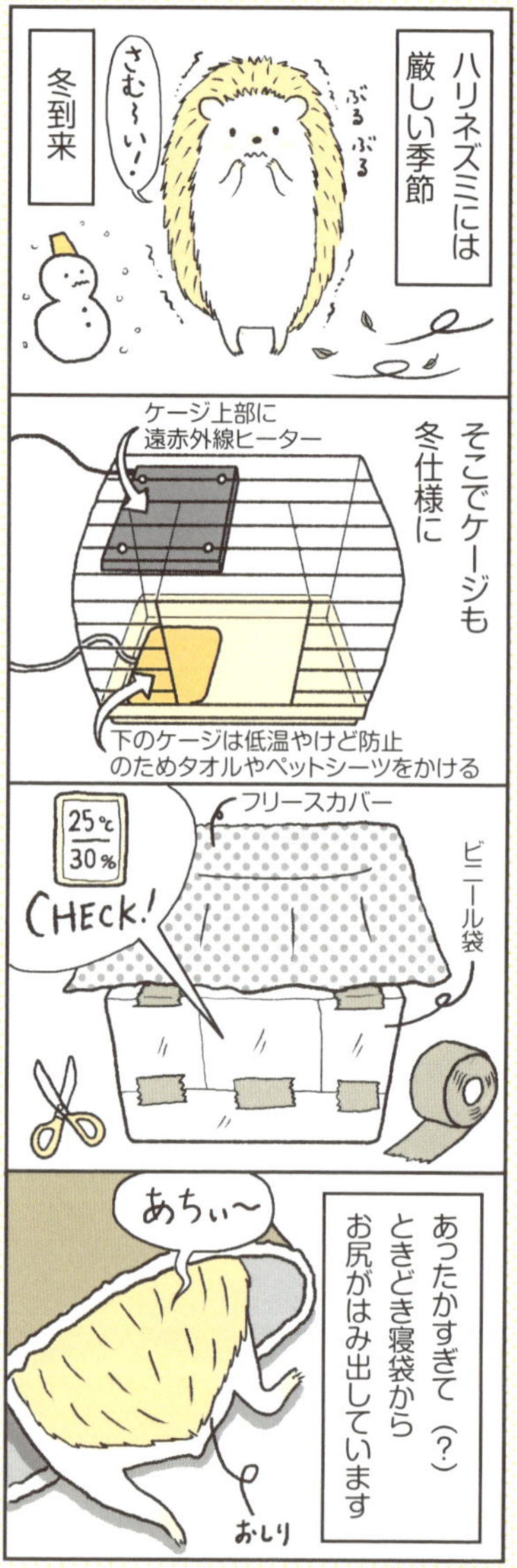

Part 3

ハリネズミの気持ち

17 ハリネズミってなに考えてる？

「針の動き」は「心の動き」です

From Harinezumi

気持ちが針に出ちゃう正直者です

ペットの大先輩であるイヌは、群れで暮らす動物なので喜怒哀楽をはっきり表しますよね。ネコは本来単独生活者ですが、ペット歴が長いからか、喜怒哀楽はわかりやすいほうです。ではハリネズミは……？

ハリネズミも単独生活者。他者に意思表示をする必要がないので、気持ちを表現する機能は発達しないもの。……なのですが、それにもかかわらず感情がだだ漏れなのがハリネズミのかわいいところなのです。

シンボルマークである針を見れば、気持ちは一目瞭然です。単純に、針が立ってトゲトゲしていれば警戒態勢、針がねているときはリラックス状態。針の立て具合にも強弱や速度の違いがあるので、針を立てる様子で警戒レベルを知ることもできます。

ハリネズミにしてみたら、ひたすら自分の身を守っているだけなのですが、わずかな音で瞬時に針を立てる姿を見ては「緊張しているのかな」と心配したり、針を立てずに触らせてくれたときには「心を許してくれている」とほくそえんでみたり。針の動きに一喜一憂させられますよね。針の動きは心の動き。慣れてくれれば微妙な心の変化がわかって楽しいですよ。

18 おでこだけ針を立てる意味は？

ちょっぴり
警戒中
From Harinezumi

警戒は頭の針から始まります

穏やかな気持ちのときに針はねていて、警戒すると針が立つ。ハリネズミの針は気持ちと連動していますが、その針の立ち方には順序があるようです。

ハリネズミが「ん？　なにか変？」と少し警戒したとき、まず最初に立ち上がるのが頭の針。頭を低くし、針が顔を覆うように立ち上がります。リーゼントスタイルになったハリネズミはなかなかの迫力ですが、頭の針だけ立たせているときの警戒度は、それほど高くありません。

さらに警戒心が強まると、頭とお尻をグッと内側に丸め、全身の針を立てます。顔と足を体の中にしまい込み、完全に丸いイガグリ状態になったときは最大限に警戒しているときです。

人間もびっくりしたときは、首がすくんだり、とっさに頭を手でかばったりしますよね。それと同じように、ハリネズミも危険を察知したらまず頭を守る反応が出てしまうのかもしれません。

ちなみに、丸まっているハリネズミは、人の力ではなかなか開きません。でもハリネズミ自身はあまり力を入れずに丸まっているため、何時間でも丸くなっていられるようです。

19　今、目が合ったよね？

残念、視力はあんまり……なんです

From Harinezumi

目を見れば気持ちがわかる

ハリネズミの視力はあまりよくありません。活動するのは夜ですし、野生では地面を見ながら虫を探し歩く生活をしているので、遠くを見渡せる優れた視力は必要ないのでしょう。暗闇で物を識別することはできますが、それでもモノクロでぼんやりした世界を見ているのではないかと考えられています。「こっちを見ている気がする」というときは、音やにおいから気配を感じる方向を向いているだけなのでしょうね。

「イヌやネコのようにアイコンタ

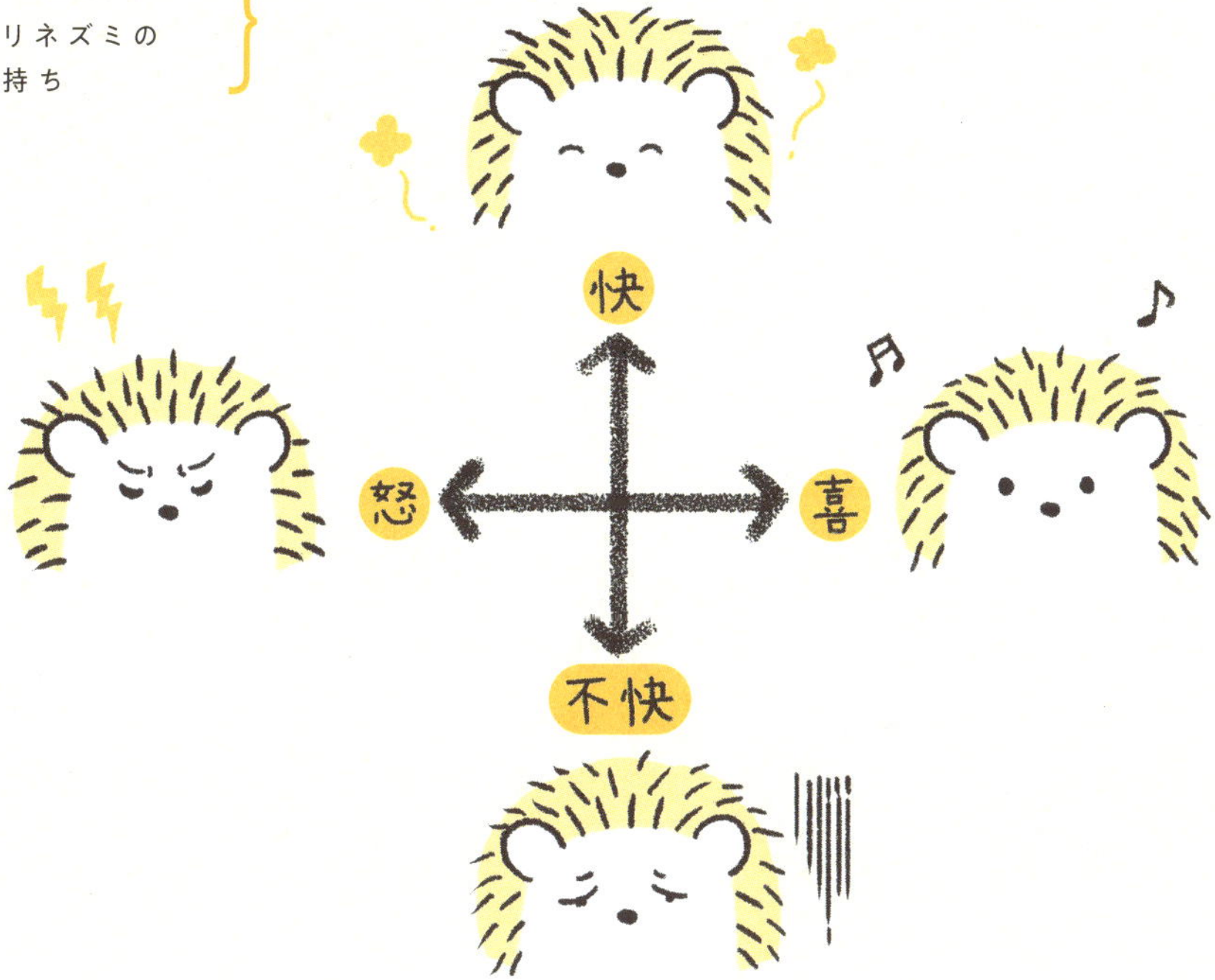

クトをしてみたかった……」と思うかもしれませんが、がっかりする必要はありません。ハリネズミの気持ちは目からバッチリ読みとれます。

ご機嫌のときはクリクリのまん丸目ですが、警戒するときはおでこの筋肉をグッと寄せて針を立たせるので、眉間にしわを寄せているような不機嫌そうな目に。怒れば怒るほど目は吊り上がっていきます。リラックスしているときは気持ちよさそうに目を細め、具合が悪いと目はショボショボ。ちなみに、白目が見えているときは肥満か病気の可能性が。

ハリネズミも飼い主さんの気持ちを、視覚以外の何かで感じとってくれているかもしれませんよ。

20 わたしの声はわかってる？

聞き分けて反応を変えてます

From Harinezumi

人間よりも広い音域をキャッチ

ハリネズミは視力が弱いぶん、聴覚や嗅覚が発達しています。暗闇の中で周囲の状況を把握するには、音やにおいのほうが頼りになりますからね。物音には敏感で、聞きなれない音や大きな音を聞くと、条件反射的にシュッとイガグリ状態の防御態勢をとります。

聞きとれる音域は人間よりも広く、超音波で親子間のコミュニケーションをとるとも言われています。もちろん、飼い主さんと他の人の声を聞き分けることもできているはず。「飼

い主さんの声がする↓ごはん」という関連性を覚えたハリネズミは、飼い主さんの声が聞こえると顔を出すようになることもあります。

耳の筋肉はそれほど発達していないので、イヌやネコのように耳を単独で動かすことはできません。耳の動きによって感情を読みとることができないのは残念なところですね。

でも、ときどきは耳の形を注意して見てあげましょう。耳の縁がギザギザになってしまうことがあります。その原因はダニやカビの寄生、栄養不足、乾燥などが考えられますが、それ以外にも内臓疾患《しっかん》が隠れていることも。自己判断せずに、動物病院で診てもらいましょう。

21 鼻をヒクヒクするのはなに？

食べ物はあるかな？
安全かな？
From Harinezumi
クンクン

感覚器の中でいちばん優れているのが嗅覚

ハリネズミは突き出た鼻をよく動かします。寝袋から顔だけ出してヒクヒク、歩きながらヒクヒク……。

もちろんこれは、においをかいでいるしぐさ。ハリネズミの体の感覚の中で、もっとも発達しているのが嗅覚だと言われています。エサを探しているときはもちろん、普段から鼻をヒクヒクさせてにおいで周囲の状況を読みとっているのです。

このようなときは邪魔せず、思う存分探索させてあげましょう。においを覚えることがハリネズミにとっ

ては安心へとつながります。
鼻を上にもちあげ、口を少し開けてクンクンしているのは、なんと口でにおいをかいでいるとき。フレーメン反応といい、ネコやウマにも見られるものです。口の中の上あごにある「ヤコブソン器官」ににおい分子を送り、空気中のより多くのにおいを感じとっているのだとか。わたしたちには感じられない感覚ですね。
フンフンと鼻を鳴らしながらウロウロしていることもよくありますよね。これは、音の反響によって周囲にある物の位置や距離を測っているのではないかとも言われています。ハリネズミの能力はまだまだ奥が深そうですね。

22 フシュフシュ言うのは怒っている？

警戒中！
近寄らないで！ From Harinezumi

「フシュっている」ときも愛情をもって見守って

ハリネズミは基本的に鳴かない動物。通常は一匹で暮らしているので、鳴く必要がないのは当然ですよね。でも、それは野生でのお話。飼われているハリネズミは、意外と意思表示をします。ただ、残念なことにそのほとんどは「寄るな！　触るな！」という威嚇なのですが……。

ハリネズミを迎えて、飼い主さんがまず耳にするのは「フシュッ、フシューッ」という威嚇音ではないでしょうか。意外と大きな音にびっくりするかもしれません。「そんなに怒らなくても……」とがっかりしないでくださいね。ハリネズミだって本当は静かにしていたいのです。でも必死で威嚇音を出して自分の身を守ろうとしているのです。意地らしいではありませんか。

いつも「フシュッフシュッ」と言ってしまうハリネズミは、それだけ臆病な子ということです。ハリネズミが落ち着いて過ごせるように配慮してあげましょう。

ハリネズミが「絶対絶命！」と危機を感じたときは、「ギャー！」や「キュー！」といった叫び声のような大きな声を上げます。飼い主としては、できれば聞きたくない鳴き声ですね。

23 「ピーピー」って歌っているの？

大好き～♡って甘えたい気分

From Harinezumi

ごきげんな鳴き声も個性豊かなハリネズミ

最初は警戒ばかりしているハリネズミも、環境に慣れてくるといろいろな鳴き声を発することがあります。

なかでも飼い主が聞きたいナンバーワンは、「ピーピー」という鳴き声。これは、子どものハリネズミがお母さんを呼ぶときや、発情期のオスがメスに求愛するときに出す声。つまり、「大好き～」とか「甘えたいよ～」という気持ちの表れなのです。ひとりでいるときにこの鳴き声を出すのは、うれしいことがあったり満足しているときだと言います。

これ以外にもハリネズミのご機嫌な鳴き声はいろいろあり、とても個性豊か。リラックスしているときに「クックッ」「コッコッコッ」と鳴くハリネズミもいれば、ネコのようにのどをゴロゴロ鳴らすこともあるとか。イヌのように「クゥ〜ン」と甘えた声を出す子もいるようです。

「ピーピー」という鳴き声は相手に伝えるために鳴いていますが、それ以外の鳴き声は「鳴く」というよりは「漏れ出ちゃった」もの。とても小さい声でなかなか気づかないかもしれません。耳をよ〜く澄まして、うちの子の愛情サイン、ご機嫌サインを聞き漏らさないようにしたいものですね。

24 睡眠中の鳴き声……もしかして寝言？

いびきや寝言も出ちゃうみたいです

From Harinezumi

ハリネズミも夢を見る？

気持ちよさそうに寝ているハリネズミ。耳を澄ますと「プゥプゥ……」「モキュキュキュ」「ピュルルル〜」などの音が聞こえることがあります。なに!?　この愛らしい音！

さらによく見ると、足をパタパタと動かしていたり、口をモグモグしていたり……。なに!?　このキュートな動き！　寝ているハリネズミのかわいらしさに悶絶する飼い主さんも少なくないようです。

ハリネズミの睡眠中の言動については研究で明らかにされていません。でも、ハリネズミも人間と同じ哺乳類。寝言かな、夢を見ているのかなと想像できます。

ハリネズミの1日の睡眠時間は16〜20時間。人間は一生の約3割が睡眠時間だと言われますが、ハリネズミは一生の約8割は寝ていることになりますね。これだけの睡眠時間を必要とするのは眠りが浅いから。夢は眠りが浅いときに見るものですから、ハリネズミが夢を見ていても不思議ではありませんよね。

なかには、寝ているときに「ギャー」という緊急時の鳴き声を発し、自分の声に驚いて起きてしまうハリネズミもいるそうです。いったいどんな夢を見たのでしょうか。

25 ギ…ギ…と聞こえるのは歯ぎしり？

体調不良のサイン
……かも？
From Harinezumi

歯ぎしりやクシャミは続いたら要注意

ときどき、ハリネズミから鳴き声とも鼻息とも異なる、不思議な音が聞こえてくることがあります。

「ギッ、ギッ……」とか「ギュイ、ギュイ……」とか「チャク、チャク…」とか。なんとも形容しがたい音に戸惑ってしまう飼い主さんも多いでしょう。この音、いったい何なのでしょうか？

歯ぎしりにも聞こえますよね。ハリネズミもときどき歯ぎしりをすることがあります。でも、うさぎやハムスターのように一生歯が伸び続け

はっくしょん!!
だいじょうぶ…?

るわけではないので、通常は日常的に歯ぎしりすることはありません。もし継続して歯ぎしりのような音が聞こえるなら、歯や口内に違和感があるのかもしれません。早めに獣医師に相談しましょう。

ちなみに、「クシッ、クシッ……」というときは、ご想像通りくしゃみをしているのですが、こちらも続くようなら病気のサイン。風邪や鼻炎などが疑われます。また、床材が合っていない（粉塵《ふんじん》による刺激やアレルギーの）可能性も。

ハリネズミが不思議な音を出したり、気になる動作をしたときには、動画を撮っておくと獣医師も判断しやすいですね。

26 立ち上がってキョロキョロ。外に出たい？

知らないにおいが気になります

From Harinezumi

好奇心の強い子は脱走に注意

モグラの仲間であるハリネズミ。足も短いし、アクロバティックに動くイメージがありませんよね。でも、ハリネズミが二本足で立つ姿は、飼い主さんたちにちょこちょこ目撃されています。

立つといっても、前足を壁やケージの縁にかけたスタイルで、キョロキョロしたり、壁をホリホリしたり。まるで必死に外に出ようとしているかのようにも見えます。

こんなとき、ハリネズミはハウスの外から漂ってくるにおいに反応しているのかもしれません。優れた嗅覚をもつハリネズミですから、本能を刺激するような虫のにおいを察知し、「どこだ？　どこだ？」と探しているのかも。

そこで注意したいのがハリネズミの脱走です。野生では起きている間中、あちこち歩き回ってエサを探しているのですから、ハリネズミは本能的に散策好き、つまり好奇心旺盛なのです。この好奇心は主に飼い主さんが見てないときに発揮され、難攻不落と思われる壁でもなぜかクリアし、予想以上の身体能力をもって脱走を成し遂げることもしばしばあるのです。油断せず、ハウスには必ずフタをして脱走を防止しましょう。

27 ほふく前進するのはなんの訓練!?

自分のにおいをつけて安心したいのです

From Harinezumi

ほふく前進にもいろいろな意味がある

体を低くし、ソロリソロリ。まるで、ほふく前進のような歩き方をしているハリネズミ。こんなときは、周りを警戒している証拠。はじめての場所を歩くときなどによく見られ、においを注意深くかぎながら散策しているのでしょう。

また、自分のにおいをつけているときもあります。よくネコが飼い主さんや物にスリスリしますが、これは臭腺《しゅうせん》というにおいが出る場所をこすりつけ、自分のにおいをつけているのです。嗅覚に頼る動物は、自分

のにおいに包まれることで「ここは自分の場所」と安心感を得るものです。ハリネズミの臭腺がどこにあるのかはよくわかっていませんが、顎からおなかあたりを床に滑らすような行動をすることもあるので、自分のにおいをつけて安心しようとしているのかもしれませんね。

ただ、頻繁にほふく前進をしている場合は病気の疑いもあります。ハリネズミ特有の神経症「ハリネズミふらつき症候群」は、初期症状として足の麻痺《まひ》が現れます。とくに最初は後ろ足に力が入らなくなるため、ほふく前進でしか動けない状態になることが多いもの。違和感を覚えたら獣医師に相談しましょう。

28 突然フリーズするけど大丈夫？

わたしはここにはいません スルーして

From Harinezumi

危険を察知したときはフリーズしてやり過ごす

へやんぽの途中でピタッ。回し車の最中にピタッ。片足だけ出してピタッ。ハリネズミは、まるで電池が切れたように突然動きを止めることがあります。不思議に思える行動ですが、実は自然界ではよく見られるもの。とくにハリネズミのような捕食される側の動物にとっては、護身術の常識なのです。

捕食する側の動物は、広い範囲の中から獲物を探さなくてはいけないため、動体視力に優れています。動くものは瞬時にとらえることができ

ますが、動かないものは近くにいてもよくわからないのです。ですから、ハリネズミは何かの気配を感じるとフリーズし「いないふり」をして様子をうかがっているのです。

針を立てずに固まることも多いので、思わず「チャンス!」とばかりに触りたくなりますが、ハリネズミの「いないふり」に乗ってあげるのもやさしさではないでしょうか。

ちなみに、飼い主さんの手に乗せられ抵抗していたのに突然ピタッとフリーズすることもあります。これは単純に疲れて小休止しているのだと思われます。かわいいけれどハリネズミは必死。触れ合いは様子を見てほどほどにしてあげましょう。

29 丸まって寝ているのは寒いから？

寝相を見れば リラックス度がわかります

From Harinezumi

寝相の悪さは警戒心のなさの表れ

手足と顔をキュッとおなかのほうに寄せ、丸まって寝ているハリネズミは、人間の赤ちゃんみたいでかわいいですよね。ちょっと寒そうにも見え心配になってしまうかもしれませんが、普通に眠っているようなら大丈夫です。ハリネズミは警戒心が強いので、野生ではこのように丸まって寝るのが普通なのです。

でも、飼われているハリネズミは実にいろいろな寝姿を見せてくれますよね。手足を伸ばしてうつ伏せでぺちゃんこになっていたり、ハウス

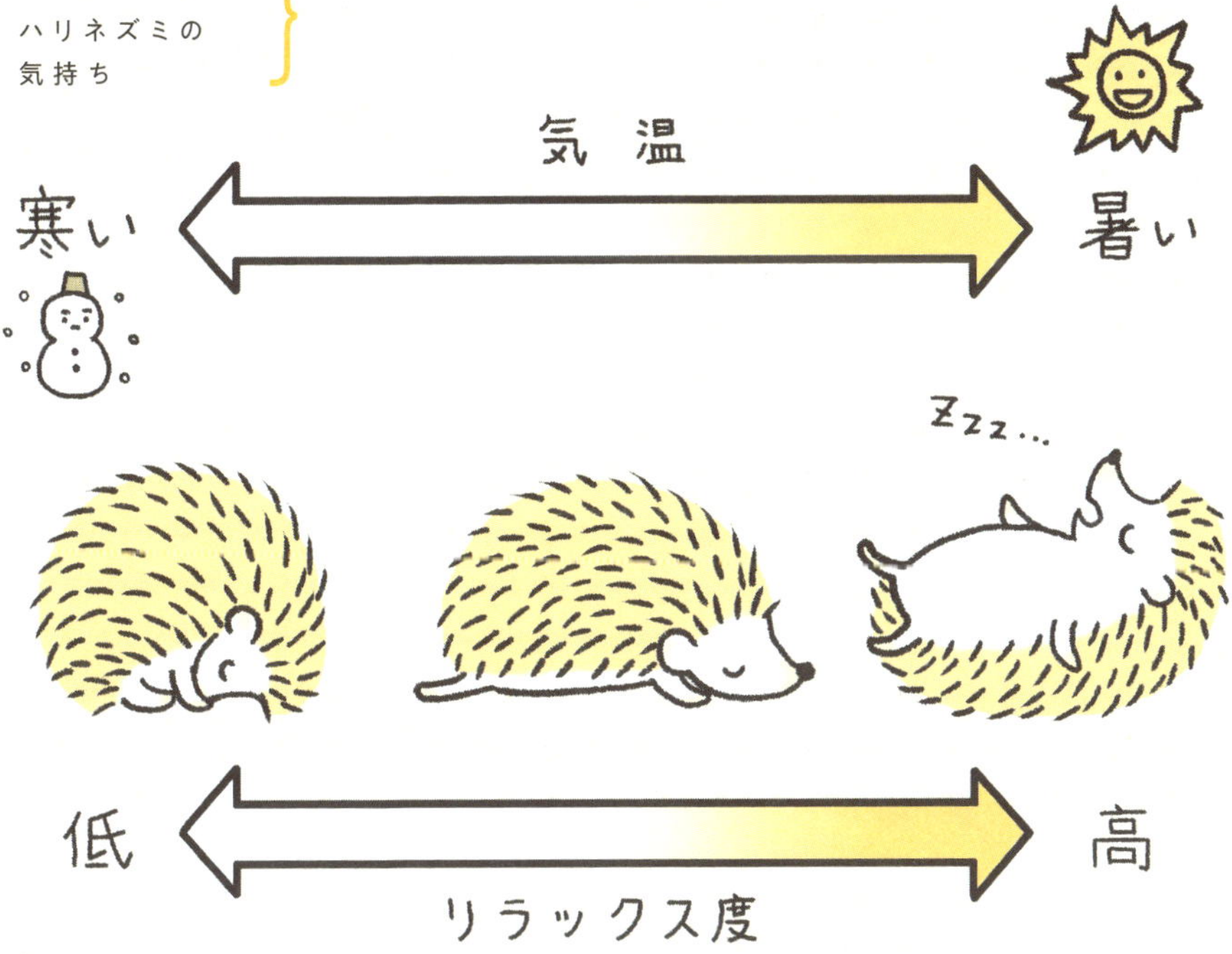

の壁にもたれかかって寝ていたり、人間のように仰向けでスヤァ〜と寝ている姿を見た日には、「死んでる!?」と度肝を抜かれることも。このように、急所となるおなかや頭を出して寝るのは野生では危険ですが、飼われているハリネズミならリラックスしている証拠。ストレスの少ないよい状態だと言えます。

温度によっても寝相は変化します。ケージの中で自分で体温を調節できるよう、寒いときに潜れる寝袋や暑いときに体を伸ばせるスペースを用意してあげるといいでしょう。ただ、完全に丸くなって動かないときは、低体温症になっている可能性もあるので注意してくださいね。

30 突然走り出してどうしたの？

怖いときはハウスへ向かって猛ダッシュ！

From Harinezumi

広い場所で走るのは怖いから!?

ジッとしているか、丸まっているか、あまり動かないイメージのあるハリネズミですが、広い場所ではステテテテ〜と軽快に走る姿を見ることができます。楽しそうに走っているように見えるかもしれませんが、実はそれ、逃げているだけかもしれませんよ。

ハリネズミも基本的には運動が好きな動物です（P.50参照）。回し車をセッセと動かす様子からも「走るのが好きなんだな」と想像できますよね。でも、回し車を使うのは夜、飼い主さんが見ていないときではありませんか？

ハリネズミは夜行性の動物です。もし、明るい場所で、飼い主さんがいる前でハリネズミを広い場所に放しているのだとしたら、そのときのダッシュは「私のおうちどこ〜!?」と必死で探している可能性が高いでしょう。もし散策を楽しむのなら、クンクンとあちこちのにおいをかぎながら進むのではないでしょうか。

ただ、ハリネズミの個性はさまざま。環境に慣れているハリネズミなら、純粋に楽しむこともあるかもしれません。一概に気持ちを当てはめられないのがハリネズミの難しさであり、おもしろさでもありますね。

31 床をホリホリ、宝探し？

掘っているとなぜか安心します

From Harinezumi

ホリホリしてしまうのは野生の本能

野生のハリネズミが巣にしているのは、木の根の間やシロアリ塚の中など。巣穴を作る習性はありません。それでも、床や寝床をホリホリしてしまうのは、近い種であるモグラの血が騒ぐからでしょうか？

真意はわかりませんが、ハリネズミに掘る習性があるのは確かです。床材をホリホリするのは、自分好みの寝床を作っているのかもしれません。砂をホリホリするのは砂浴びを楽しんでいるのでしょう。寝袋に入ってホリホリしたり、何もないところをホリホリするのは……必死で「隠れたい」と思っているか、「掘りたい」という本能に従っているだけか。ホリホリすることで身を隠している気になり、安心するのかもしれませんね。

掘りたい本能が強いハリネズミもいれば、弱いハリネズミもいます。ストレスがたまらないよう、掘りたい子には思う存分ホリホリ活動をしてもらいたいものですが、床材によっては、粉塵《ふんじん》をまき散らしてしまったり、ペットシーツを誤飲するといった事故もあります。寝袋の素材によっては、指や爪に繊維が絡まってしまうことも。環境の安全面には気を配ってあげましょう。

32 ソワソワ、ウロウロしている理由は？

落ち着かないにおいってあるんです

From Harinezumi

においでドキドキ・ワクワク

いつもよりソワソワ、ウロウロ。ときどき落ち着きなく動き回ることがあるハリネズミですが、その原因はおそらくにおい。周りのにおいに反応しているのでしょう。

例えば、ハウスの大掃除をした後は落ち着かない子が多いものです。ハリネズミは視力よりも嗅覚で場所を覚えるので、掃除によって自分のにおいが消えたハウスはまるで新天地。「ここはどこ？」と懸命に散策しているのでしょう。清潔を保つことは大切ですが、掃除のたびに新天

地を開拓するのはハリネズミにとってストレスにもなります。掃除の際は少しだけ元の巣材を残すなど、ハリネズミのにおいが残る〝ほどほどの清潔〟を心がけましょう。

知っているにおいを察知し、興奮していることもあります。フードの封を開けただけで「はやくごはん食べたい」とソワソワし出すのはよくあること。多頭飼いしている場合は、他のハリネズミのにおいを感じとり落ち着かないことも。

また、発情や妊娠など、体の変化によって落ち着かないこともあります。ソワソワ、ウロウロがしばらく続くときは、体をチェックしてあげるといいかもしれませんね。

33 よく体をかいているけど、大丈夫？

ダニがいるかも
しれません

From Harinezumi

執拗なカキカキは皮膚疾患の可能性大

足を使って体をカキカキするハリネズミ。短い後ろ足を懸命に動かす様子がかわいいですよね。でも、一生懸命すぎる場合は「かわいい」なんて言っていられませんよ。

ハリネズミは、針が密集しているせいでしょうか、皮膚トラブルを起こしやすい動物です。頻繁にカキカキする様子が見られたら、まずダニやカビの感染を疑いましょう。

おなかや顔周りをかゆがっている場合は、アレルギー性皮膚炎の可能性もあります。ハリネズミは、マツ、スギ、ヒノキなどの針葉樹によってアレルギー反応を起こすことがあるので、床材などには十分注意をしなくてはいけません。

もちろん、病気ではないときにもカキカキします。単にフードなどが体についているときや、体温が上昇し血行がよくなったときは、かゆみを感じるもの。生後3か月～6か月の針が生え変わる時期にもよくカキカキします。単発的で、比較的ゆっくりカキカキするときは通常のグルーミングだと考えてよいでしょう。

また、抜け毛ならぬ、抜け針も皮膚状態を知るヒントとなります。部分的にごっそり抜けているときは、動物病院で診てもらいましょう。

34 体を一生懸命舐めているのは？

自分の体に においをつけています

From Harinezumi

ハリネズミの唾液には特殊効果がある？

　どんなにかわいい姿の動物でも、ふとした瞬間に飼い主さんが引いてしまうような野生の顔を見せるときがあります。ハリネズミのそれは、断然「アンティング」をしているときではないでしょうか。

　アンティングとは、ハリネズミが自分の体に唾液を塗りつける行為のこと。例えば、新しいものに遭遇したときなどにすることが多いようです。ハリネズミは対象物のにおいを嗅ぎ、舐めたりかんだりすると、口の中でモグモグと泡状のものを作り出します。それを自分の背中や脇腹の針に塗るのです。

　ハリネズミの、顔をあらぬ方向へグリンとひねり、舌をベロンと伸ばすアグレッシブな唾液ぬり。なにか特別な意味があるに違いないと思われますが、残念ながら明確な理由はわかっていません。

　敵から身を隠すために、周囲と同じにおいをつけているという説。また、毒性のある物質と唾液を混ぜ体に塗ることで身を守っているのではないかという説もあります。

　近種であるモグラは唾液に麻酔効果があると言われています。ハリネズミの唾液にも何かしらの特殊効果があるのかもしれませんね。

35 体当たりしてくるのは攻撃!?

体当たりで求愛します

From Harinezumi

オスの「発情期」は「反抗期」に見える!?

ハリネズミは「防御こそ最大の攻撃なり」の精神で生き残ってきたような動物。怒ってポンポン飛び跳ねることはあるけれど、自分から攻撃をするようなことはありません。もし、突然体当たりしてくるようになったなら、それは攻撃ではなく求愛行動でしょう。

ハリネズミの性成熟は、オスが生後6~8か月、メスが生後2~6か月。メスは行動に変化はありませんが、オスは発情期に入ると相手がいなくても求愛行動を行うようになります。「ピーピー」と鳴いたり、布類をメスに見立てて疑似交尾をしたり。物や飼い主さんに体当たりするのも求愛行動のひとつで、オスはメスに体当たりや頭突きを繰り返して交尾に誘うこともあるのです。ちなみに、これに対しメスは、最初は針を立てて怒っていても徐々に受け入れることもあるとか。ハリネズミの愛のやりとりは、ケンカにも見えるなかなか激しいものなのですね。

オスのハリネズミを飼っている場合、やっと慣れてきたかなというときに発情期で攻撃的行動を見せたりするので、ショックを受けるかもしれません。でも順調に大人になっている証拠なので喜んであげましょう。

36 ハリネズミはみんな回し車が好きだよね？

好きな子もいれば
興味ない子もいます

From Harinezumi

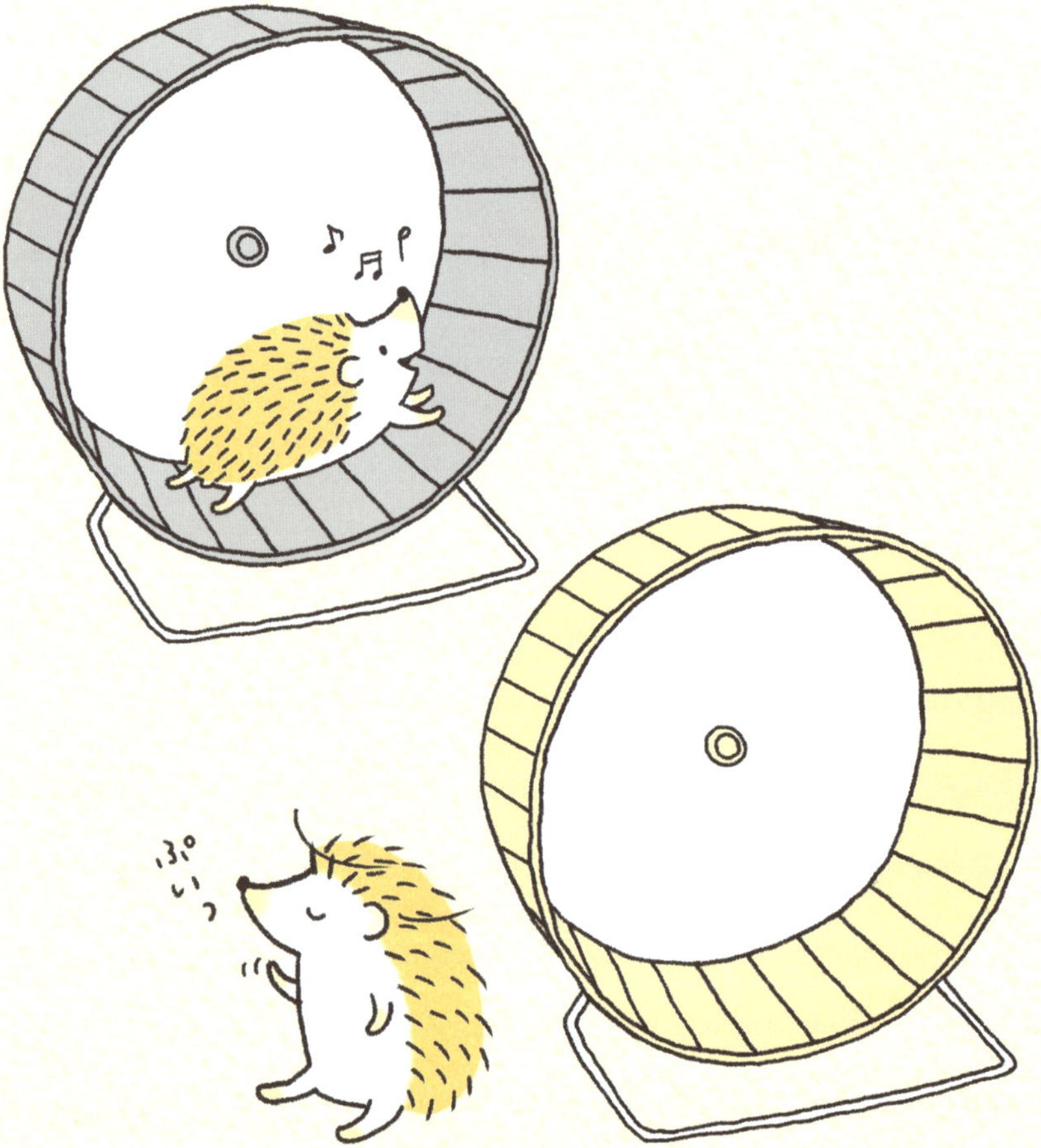

回し車で運動不足とストレス解消

一日のほとんどをハウスの中で過ごすハリネズミにとって、回し車は運動不足やストレスを解消するのに最適なグッズです。ハリネズミにも「走りたい」という本能があるので、回し車を設置すれば喜んで走るでしょう。

でも、なかにはまったく興味を示さないこともあります。無理に遊ばせる必要はありませんが、「使い方がわからない」「ちょっと物見知り……」という場合もあるので、しばらくは様子をみましょう。試すうちに自分で遊べるようになる子がほとんどですが、興味はありそうなのに遊ばない場合は、回し車がそのハリネズミに合っていない場合も。

◆大きさは合っていますか？
背中が反らずに走れるものがベスト。直径30㎝以上が目安です。

◆安定していますか？
安定せずグラグラしていたり、回るときの音がうるさかったり、幅が小さく横から落ちた経験があるなど、一度怖い思いをすると近づかなくなることもあります。

回し車が苦手なハリネズミには、トンネルを置いたり、へやんぽの時間を多めにとったり、ほかに体を動かせる工夫をしてあげましょう。

37 砂浴びしないで寝てるけど？

砂浴びの仕方には流派があります

From Harinezumi

リスクもある砂浴び

砂に対するハリネズミの反応は実にさまざま。一生懸命ホリホリする子もいれば、体を砂にこすりつけたり、手足を伸ばして気持ちよさそうに寝てしまったり。「なんじゃこりゃー」と針を立てる子、砂をカムカムアワアワ、アンティングを始める子もいます。

本来、乾燥地で生活しているハリネズミですから、砂には愛着があるのかもしれません。また、砂浴びには濡れた体を乾かしたり、寄生虫を落としたりする効果があります。

きっとハリネズミも、野生では日常的に砂浴びをして体の汚れを取り除いていたのではないでしょうか。

でも、飼育下で砂浴びが必要かといえば、そんなことはありません。寄生虫は動物病院で処置してもらったほうがよいですし、体の汚れも飼育下では、自分のウンチを体につけてしまうことが多く、濡れタオルや足湯のほうがキレイにとれるでしょう。実は、砂浴びによる弊害が多いのも事実です。毛穴に砂がつまってしまったり、ハリネズミは目が出ているため砂で目を傷つけることも。

野生と飼育下とは環境が異なります。飼育下での砂浴びがハリネズミにプラスになるかよく考えましょう。

38 いつまで隠れているのかな……？

これが生活
スタイルです
From Harinezumi

ハリネズミの習性を理解してあげましょう

「家に迎えてから何日も経つのに、隠れてばかりでまったく姿を見せてくれない」。そんなハリネズミを飼っている方、寂しい気持ちはお察ししますが、それが普通のハリネズミ。むしろ「かしこいやつだ」とほめてあげてほしいくらいです。

ハリネズミは昼間に寝て夜活動する夜行性です。外が明るいうちは活動しようとはしません。狭いトンネルや寝袋の中にずっと隠れているのは、体がすっぽり包まれる安全な巣で休んでいるだけ。つまり、「ずっ

と隠れている」ように見えている行動は、「休むべきときに休んでいるだけ」。ハリネズミにとってはこれこそが通常なのです。

それでも、飼い主さんのにおいに慣れたり、ごはんの誘惑に負けたりしているうちに、だんだんと姿を見せるようになるもの。ただ、環境に慣れるまでの時間はハリネズミによってまちまち。焦らず、それぞれのペースに合わせてあげましょう。

頑なに姿を見せないハリネズミもいます。野生ではそれくらいの警戒心があってこそ生き残れるもの。危機管理能力の高い野生的なエリートハリネズミを飼っているんだと誇りに思ってみてくださいね。

39 わたしを舐めるのは「好き」の表現!?

食べ物かな?って 確認中です

From Harinezumi

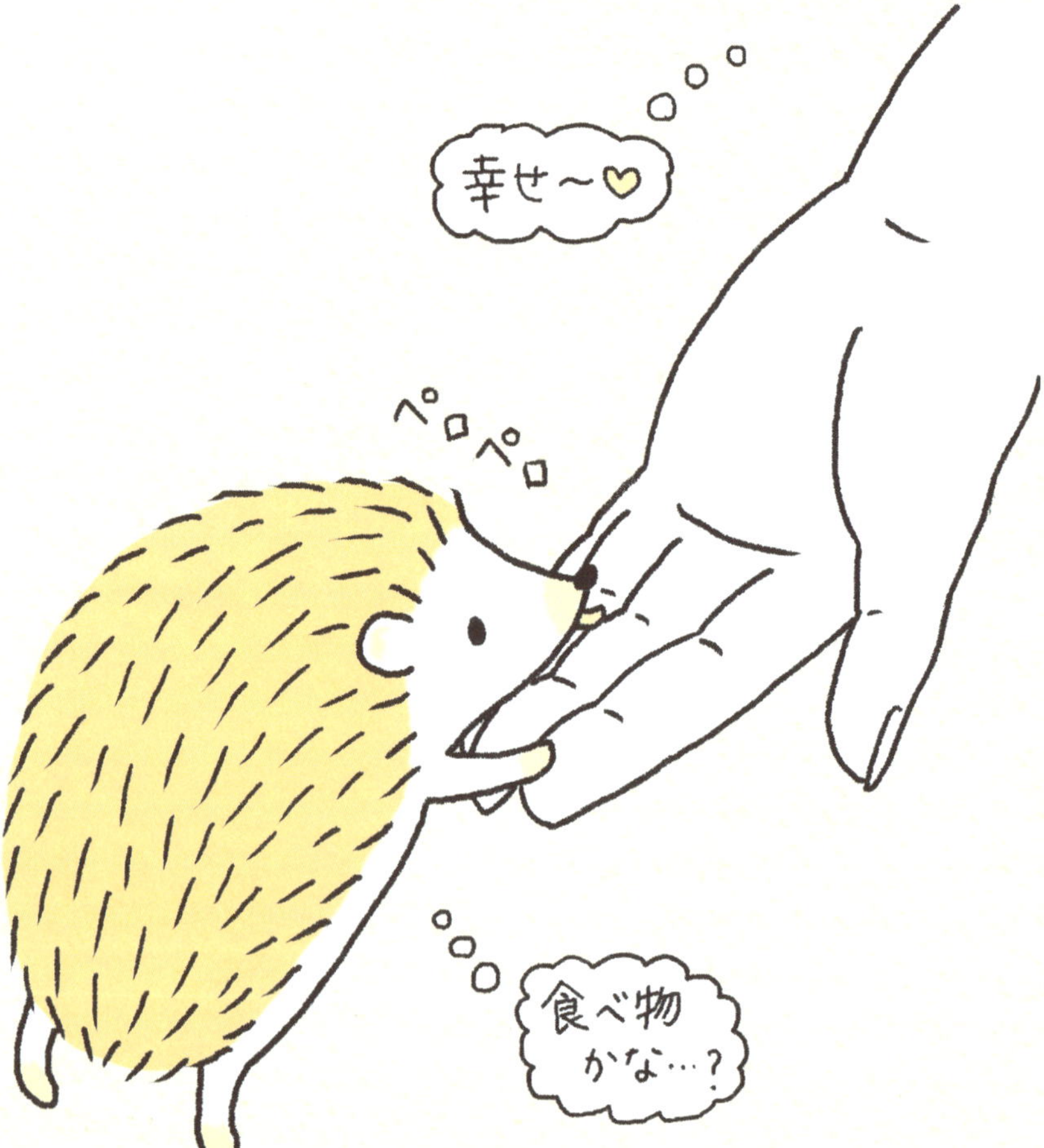

母へのペロペロは愛情 人へのペロペロは食欲？

生まれたばかりの子どものハリネズミは、母ハリネズミをペロペロと舐めることがあります。これはほかの動物でも見られる行動で、「舐める＝触れ合う」ことで、母子はお互いの存在を確認し、子育てに必要な愛情ホルモン、オキシトシンが増加すると言われています。つまり、ハリネズミの親子間のペロペロには愛情が存在すると考えられます。

それなら、飼い主に対してのペロペロも、もしかして……と期待が膨らみますが、その可能性は低そうです。人の手を舐めるときは、だいたいその後にカジカジとかんできます。「このにおいはなんだろう？」「食べられるかな？」と確認しているのでしょう。飼い主さんのにおいを覚えている場合でも、いつもと違う香水や石鹸を使っていたり、食べ物を触った後だったりすると、ペロペロ、カジカジしてくるものです。でも、舐めたりかじったりするくらい心を許している……と考えれば、飼い主としてはうれしい限りですよね。

ちなみに、オキシトシンは「幸せホルモン」とも呼ばれ、癒し効果があるとも。ハリネズミにペロペロされることで飼い主さんもその効果を得ているかもしれません。

40 近づいてくるのは甘えたいから？

側にいくといいことがありそうなので

From Harinezumi

利用されるのも信頼の証

難攻不落と名高いハリネズミが、自分の元へ駆け寄ってくる。飼い主にとって、これほどうれしいことはありません。思わず愛情表現をしたくなりますが、そこはグッとがまん。ハリネズミは甘えたいわけではないので、突然のスキンシップは警戒心を強めてしまう可能性大です。

ハリネズミが駆け寄ってくる理由は、いくつか考えられますが、その多くは要求があるとき。ハリネズミも学習能力があるので、「飼い主さんのにおいがした後に食べ物がもら

える、外に出られる」などと覚えるのです。つまり、近くに寄ってくるのは「ごはんちょうだい」とか「外に出して」とか、もしくは「このにおいがするといいことがある!」という期待なのかもしれません。
へやんぽの最中に近寄ってくるのは、「一緒に遊ぼう」ではなく、知っているにおいに近づいているだけかもしれません。「あそこに隠れたい」と、単なる物陰としてとらえられている可能性も。
たとえ愛情でなくても、安心できる場所、愛着のあるにおいと認識されているならいい関係が築けている証拠。ときに召使い、ときに隠れ家として信頼に応えてあげましょう。

41 なんでそんなにかむの!?

え？ これって
食べ物じゃないの？ From Harinezumi

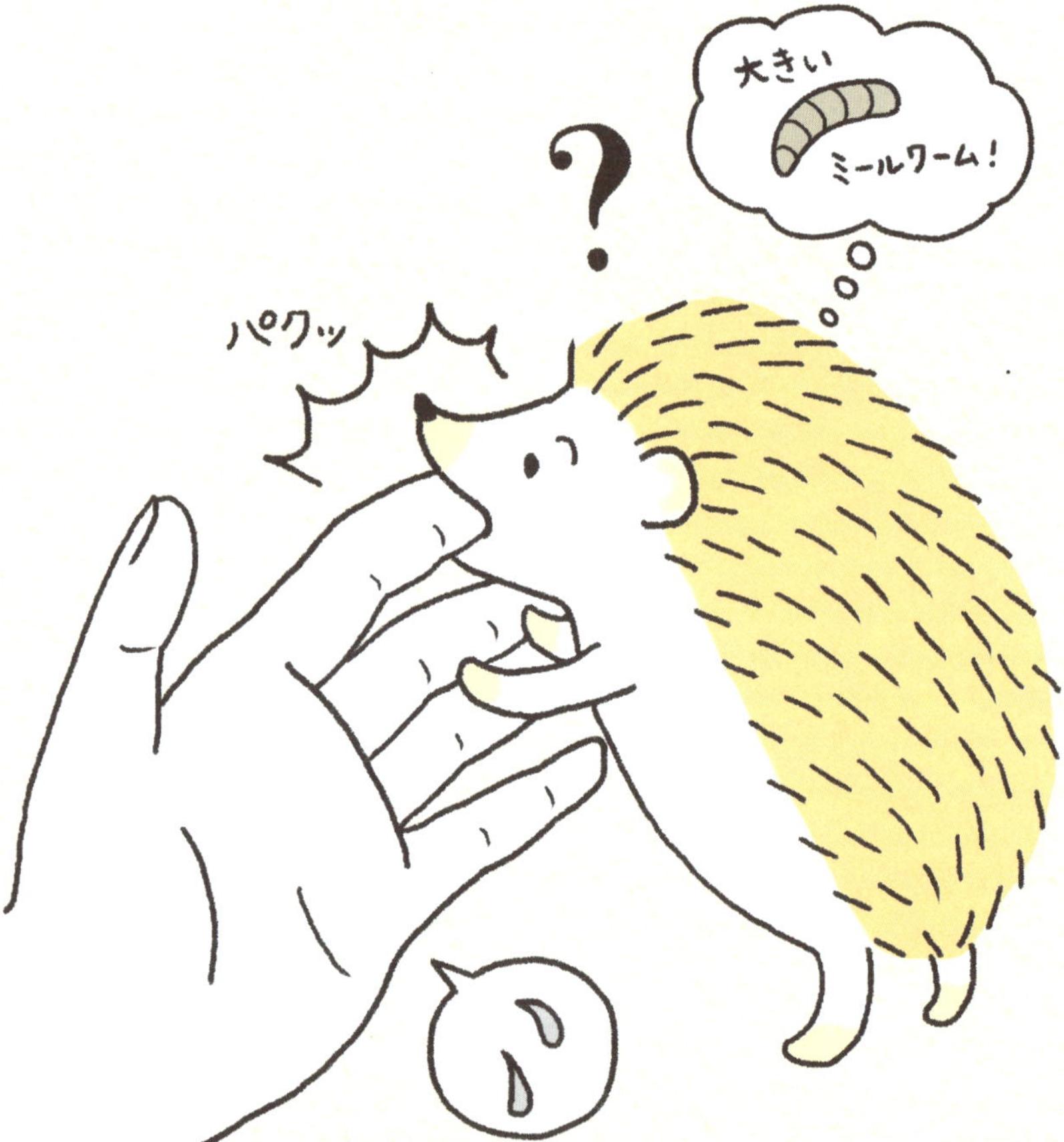

かむのはほとんど勘違いから

ハリネズミが飼い主さんをガブリとかむことがあります。ハリネズミは顎の力が弱く、かまれても「トゲのついた強力洗濯バサミで挟まれた」程度の痛みですが、心は痛い……。でも決して嫌われているわけではありませんので落ち込まないで。

イヌやネコは、危険が迫ると攻撃としてかむことがありますが、ハリネズミは危険を感じると丸まるように進化してきた動物です。攻撃としてかむことはほとんどありません。では、なぜかむのでしょうか。

飼い主さんの指を食べ物だと勘違いするのはよくあることです。フードや虫のにおいが手についていた可能性も。

指1本を差し出すとかまれることが多いのは、巨大ミールワームにでも見えているのかもしれません。また、かむことで物を確認している場合もありますし、パニック時にとっさにかむこともあるようです。

ハリネズミには悪気があるわけではありません。かまれても驚いて振り払ったり大げさに反応せず、できれば離してくれるまで黙って耐えましょう。出血したときは流水で絞るように洗って消毒するようにしましょう。

はじめてのお留守番

しめじの怖いもの

Part 4

ハリネズミとのお付き合い

42 うちの子、どんな個性かな？

性格は気分によってもコロコロ変わります

From Harinezumi

ハリの数だけ個性あり!?

ハリネズミは総じて臆病な動物ではありますが、警戒心というガードが取り払われると、実にさまざまな個性を見せてくれるようになります。

まったく物怖じしない天真爛漫な子もいれば、すぐ警戒モードになる気難しい子もいるし、好奇心旺盛な探検家タイプ、とにかく動いていたいスポーツマンタイプ、どこでもリラックスできるマイペースタイプなどなど。

このような、その子本来のもって生まれた性格は、基本的には変わる

ものではないと考えられます。例えば、同時期に同じ環境で育てていても、正反対の性格になったりすることもあるのですから、おもしろいものです。また、「昨日は触らせてくれたのに、今日はハウスを覗いただけで怒られた」など日によって性格がコロコロ変わることも。ハリネズミは、まだまだ謎が多いですね。

でも、予測不能なツンデレ行動に振り回されるのも悪くない……とハリネズミにどんどんハマっていく飼い主さんも多いはず。1頭ごとに違う個性がある、そんな特別感がハリネズミの魅力でもあります。本来の性格が発揮できる、安心できる環境を整えてあげたいものです。

43 どうしたらなついてくれる？

飼い主さんになつかないとダメですか？

From Harinezumi

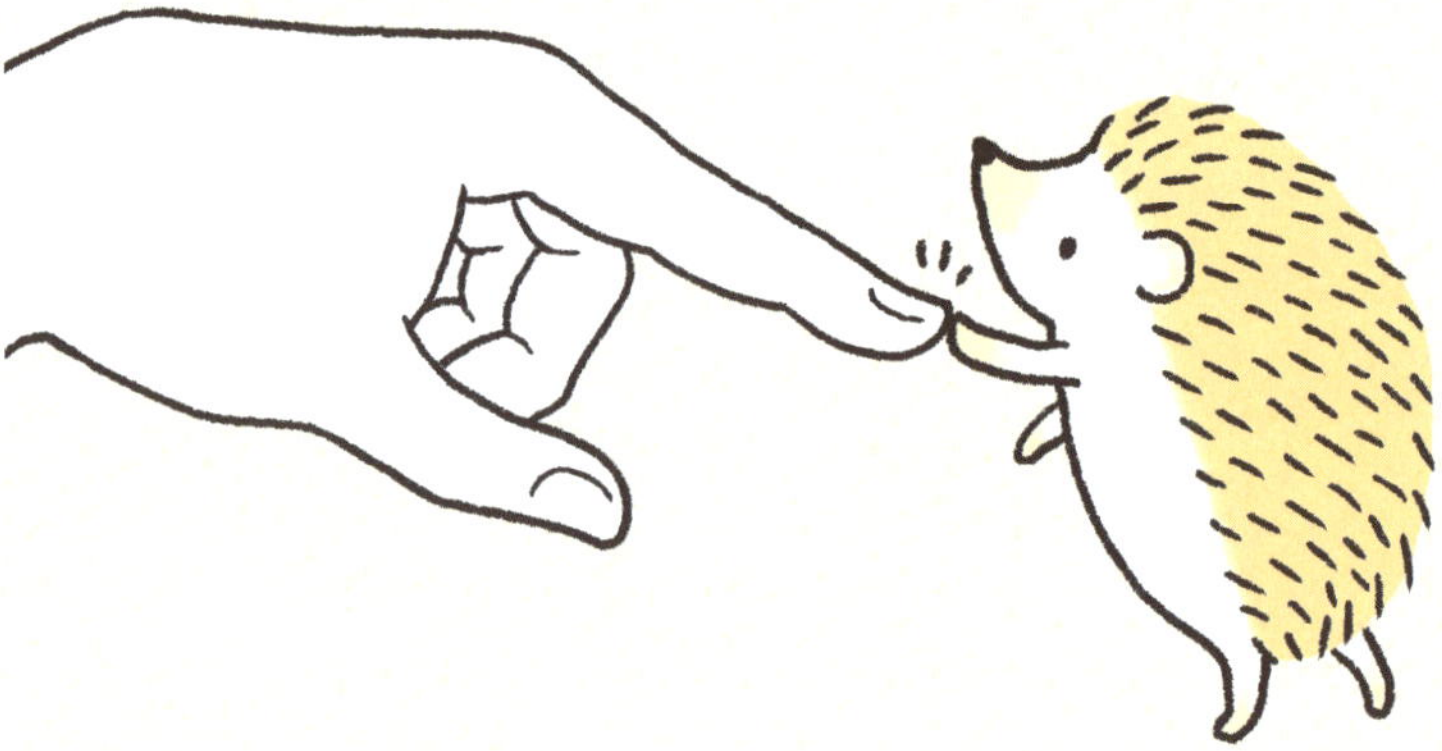

「なつく」より「慣れる」のが大切

「ハリネズミと仲よくなりたい」と思うのは飼い主として当然ですよね。でも、そもそも仲間と暮らす習性のない動物ですから、イヌのように誰かと一緒に遊ぶという概念は持っていません。野性味が強いので、ネコのように甘えることもないでしょう。「ひとりが好きなの」というハリネズミに対して、飼い主はどう距離を縮めればいいのでしょうか。それは、慣れてもらうしかありません。飼い主さんの手の上で眠ったりするハリネズミがいますが、これは「慣れ」

による賜物。ハリネズミが飼い主さんのことを「あってもいい環境の一部」として認めたのです。「寝袋と同じにおいがする安心できる壁だ」とか、「ごはんが落ちてくる木だ」と思ってもらえたら本望ではないでしょうか。

しかし、壁や木になることもかなわず、常に警戒の対象とされてしまう飼い主さんも多いものです。慣らす努力は必要ですが、どうしても慣れない警戒心が強いハリネズミがいるのも事実。ハリネズミにいたっては、「仲よくなること＝お互いの幸せ」ではありません。あなたのハリネズミが一番幸せに暮らせる距離感を考えてあげましょう。

44 急に態度が変わったのはなぜ？

成長や環境に合わせ 態度も日々変化します

From Harinezumi

態度の変化は成長の証……かも？

人に慣れていたはずのハリネズミが針を立てるようになったり、突然明るい場所へは出て来なくなったり。このような変化はよくあることです。

まず考えられる理由は、環境の変化。掃除などによってハウス内のにおいが変わると警戒心が強まります。人に対しても同じで、知らない人が来たり、飼い主さんにいつもとちがうにおいがついていると「敵が来た!?」と警戒モードに。でもこのような場合は一時的な反応なので、慣れるまで待ってあげれば大丈夫。

ハリネズミの成長による変化の可能性もあります。ハリネズミも子どものころは好奇心旺盛で怖いもの知らず。でも、成長とともに警戒心が芽生え臆病になることがあります。

また、オスなら発情期を迎えると同性に対して荒々しくなり、メスなら妊娠時には警戒心が強くなる傾向が。

そしてときには、常に警戒モードだった子が突然慣れるという、うれしい変化が起こることも。

ハリネズミも人と同じように、日々変化していくもの。大切なのは何事も無理強いせず、ハリネズミの変化に飼い主さんが合わせてあげることではないでしょうか。

45 スキンシップしたいな

こちらから近づくまで待っててください

From Harinezumi

根気よくにおいや声に慣らしていきましょう

ハリネズミは海外では観賞用のペットとして親しまれており、必ずしもスキンシップが必要なわけではありません。

でも、飼い主さんの手に慣れていたほうがハリネズミもリラックスして生活できるし、病気のときにも診察がスムーズです。そして何よりも「なでなでしたい！」ですよね。

本来ハリネズミはスキンシップが苦手な動物なので無理強いは禁物ですが、少しずつ触る練習をするのもいいでしょう。

◆ステップ①

においと声を覚えてもらいます。ハウスの中に飼い主さんのにおいのする物を置いたり、お世話のときは必ず声をかけたりします。

◆ステップ②

丸まったり隠れたりしなくなったら、手のひらを下から差し出し、近づいてくるのを待ちます。

◆ステップ③

手に近づくようになったら、おなかの下に手を入れ、すくいあげるように抱っこしてみましょう。

すぐ抱っこできる子もいれば、1年かかる子もいます。なかには何年たっても慣れない子も。根気よく接してあげましょう。

46 何をして遊びたい？

探検や獲物探しって
刺激的〜 From Harinezumi

遊びのテーマは「エサを求めて大冒険」

「環境エンリッチメント」という言葉をご存知でしょうか。飼育下の動物が心身ともに豊かに暮らせるよう、飼育環境を野生本来のものに近づける取り組みのことです。

単調な毎日になりがちな飼育下のハリネズミにとって、野生での行動を再現し、本能を満たすことこそ「遊び」にほかなりません。おすすめの遊びは〝エサを求めて大冒険ごっこ〟です。

野生のハリネズミは、起きている時間はほとんどエサを探しています。クンクンにおいをかぎながら長距離を歩き、ときには障害物を越え、苦労の末に見つけたエサはなんておいしいのだろう……なんて思っているかどうかはわかりませんが、探検・運動・発見という一連の作業が本能に組み込まれているのは確かです。

ハウス内には、回し車のほかにも、トンネルや迷路などを設置し、冒険を楽しんでもらいましょう。おやつをハウス内に隠し、探させるのもいいでしょう。ただし、最後には必ず見つけて食べられるようにしてあげてくださいね。怖がらなければ、部屋の中を自由に探検させ、最後に飼い主さんにエサをもらうというシナリオもよいのではないでしょうか。

47 ハリネズミグッズを作りたい！

素材には
気をつけてください

From Harinezumi

なければ作ってしまえ！ハリグッズ

人気沸騰中のハリネズミですが、ペットとしてはまだまだマイナー。ハウスもおもちゃも、「ハリネズミ専用」というものはほとんどありません。でも、ハリネズミ飼いの愛の深さはそんなことではへこたれません。「ピッタリなものがなければ作ってしまえ」と、いろいろなものを手作りする人も多いようです。

手作りのいいところは、ピッタリサイズで自分好みのものを作れること。しかもハリネズミは体が小さいので、予算もサイズも大がかりにならないところがいいですね。作品はおもちゃ、寝袋、ケージカバーなど。手作りハウスでさえ、基本は木材を組んでいけば簡単にできます。階段をつけたり、ロフトをつけたり、ハリネズミの個性に合わせていろいろ工夫をするのも楽しいでしょう。

ただ、気をつけたいのは安全面。寝袋やトンネルなど、ハリネズミが直接触れる布製のものは、針や爪が引っかかりにくい目の詰まった生地を使うといいでしょう。フリースなどがおすすめです。木材を使う際は、アレルギーを起こしやすい針葉樹を避け、皮膚のかゆみや赤み、脱毛の増加がないか経過観察します。異変があれば動物病院を受診しましょう。

48 かわいい写真を撮らせてね

フラッシュとポーズ強要はお断りです

From Harinezumi

信頼された者だけが撮れる写真

フォトジェニックなハリネズミたち。SNS上ではさまざまなハリネズミショットを見ることができます。真正面からのハリネズミスマイル、あお向けで丸まり顔と手だけを出したゆりかごスタイル、マグカップの中に入れてみたり、手作りの帽子をかぶせてみたり、ミニチュアの小物を散らせば、まるで童話の世界です。そんな「かわいい」が止まらないハリネズミ写真ですが、撮れるのはハリネズミに選ばれし者のみなのです。まず、環境や飼い主さんの存在に

慣れてもらいましょう。安全と認めた人でないとモデルさんは姿を現わしません。そして、モデルさんは夜型。「撮るなら夜か早朝にしてちょうだい」というのが要望です。でも明るいのは苦手なのでフラッシュは厳禁。キレイな写真を撮るなら自然光が入る早朝がベストタイムでしょう。やっと撮影にこぎつけても、シャッター音がうるさいとモデルさんは怒って帰るのでご注意を。

しかも、ハリネズミは実に俊敏。「わたしの動きについてこれるかしら?」と言わんばかりに鼻をヒクヒク、手足をバタバタ。なかなか大変ですが、シャッターチャンスを気長に待つのもいいですね。

49 ストレスに弱いってホント？

ストレスを減らせるのは飼い主さんだけなのです

From Harinezumi

飼いハリの毎日はストレスとの闘い!?

ハリネズミにとってのストレスとはなんでしょう？「ストレス」を「精神的緊張」という言葉に置き換えるとわかりやすくなります。

ハリネズミが精神的に緊張しているとき、警戒して針を立てたり、丸まったりしているときは確実にストレス状態ということですよね。そもそもハリネズミは捕食される側の動物。周囲の気配に敏感でないと生き延びられないのですから、日ごろから緊張度は高いはず。さらに飼育下では慣れないことが多いのです。

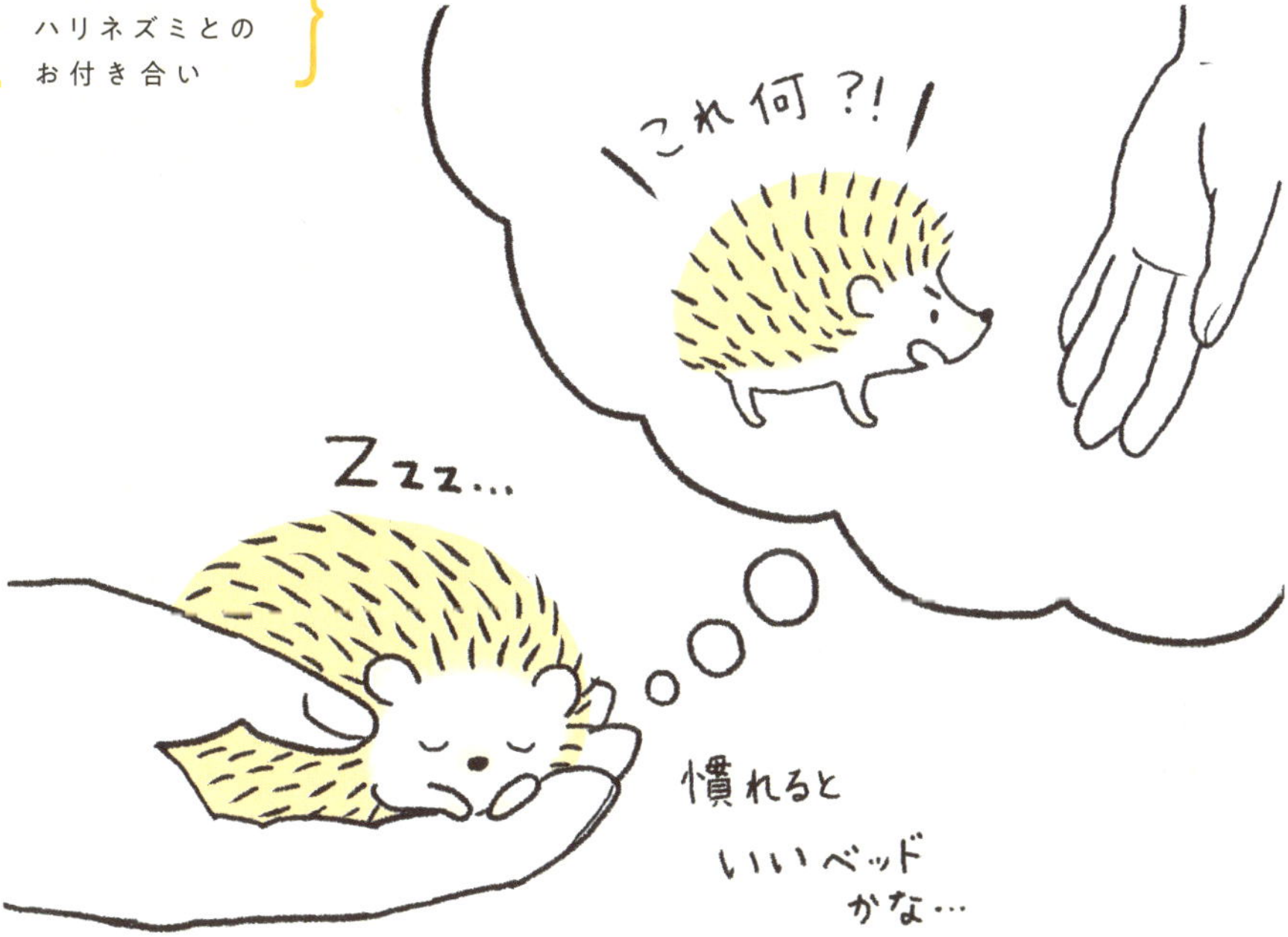

「隠れる場所がない！　フシュ」「暑いのに木陰がない。フシュ〜」「触られるのいやー！　フシュシュー」と、緊張（ストレス）の連続ではないでしょうか。

そんなハリネズミをストレスから救ってあげられるのは飼い主さんだけです。まず、飼い主さんの存在に慣れれば「怖い」と緊張することが半分に減るのではないでしょうか。飼い主さんにどうしても慣れない場合は、足長おじさんのごとく、陰からハリネズミ生活を支えることに徹しましょう。ストレスは臆病度に比例するもの。その子が何を怖いと感じ、不快に思うのか、個性に合わせた飼育が大切です。

50 ハリネズミの幸せはどこに？

幸せの価値観ってみんな違うものでしょ？

From Harinezumi

飼いハリの幸せは飼い主さんが見つけて

愛らしい姿でわたしたちの心を癒してくれるハリネズミ。幸せを与えてもらうだけではなくて、ハリネズミにも幸せを与えたい。「あなたと暮らせてよかった」と思ってもらいたいですよね。

ハリネズミはなにを幸せと思うのでしょうか。大前提として、安心して過ごせる環境が必要でしょう。でも、安全な場所でジッとしているのが幸せなのかといえば、それは少し違うように思えます。安心だけを望むのなら、ハリネズミに回し車なんて必要ありません。適度な運動や探検による刺激、エサを発見する喜びなど、本能を満たすことができる生活こそ、「幸せ」ではないでしょうか。

例えば、ミールワームのにおいをかぎつけたときの目や、夢中で回し車を回している動作は、あきらかにいつもと違ってイキイキとして見えますよね。そんなイキイキした瞬間をたくさん与えてあげることが、ハリネズミを幸せにすることと言えそうです。でも、どの瞬間にイキイキとするのかはハリネズミによってさまざま。「飼い主さんとの触れ合いが幸せ」なんて子もいるかもしれません。飼い主さんがたくさんの幸せを見つけ、与えてあげてくださいね。

51 ハリ仲間がいなくて寂しくない？

逆にほかの生き物がいると不安になります……

From Harinezumi

おとなハリネズミはみんな一国一城の主

「ひとりぼっちはさみしい」。そんな気持ちになるのは、集団生活をする動物だけと言われています。仲間と協力しなければ生き延びることができないと、遺伝子に組み込まれている気持ちなのかもしれませんね。

その点、ハリネズミは単独で生活する動物です。仲間と共に過ごすのは、子どものころと交尾のときだけ。子どものころは生きていくために親を求め、繁殖期には子孫を残すために相手を求めますが、それ以外はひとりが安心なのです。ひとりのほう

ほかの動物とも
基本的に一緒は✕!!

が食べ物の争奪戦やケンカをしてケガをすることもなく、生き延びられる確率が高いのですから。

もし、一緒に生まれたきょうだいなど仲のよいハリネズミがいたとしても、性成熟する前に別々のハウスで飼うようにしましょう。ハリネズミはオスメス問わず一国一城の主です。たまに遭遇することはあっても、自分だけの場所は死守したいもの。複数飼いするなら、1頭ずつのケージと飼育グッズが必要です。

また、ほかの動物との同居も同じで、怖がることはあっても仲よくなることはほぼありません。ただ、お互いにいい距離感を保てれば、慣れることはあるかもしれませんね。

52 かわいい子ハリが見たいな

生んだ子ハリはみんな
幸せになれますか？ From Harinezumi

繁殖は母子まるごと責任をもつ覚悟で

飼っているハリネズミへの愛情が増すほど、「この子の子どもが見てみたい」とか「子どもがほしいかな?」とか考えてしまうものです。ハリネズミの気持ちを考えれば、もちろん子孫を残したいという本能があるでしょう。でも飼い主として責任がもてるかも重要なポイントです。

母親となるハリネズミは、妊娠・出産に耐えられるでしょうか? メスは生後6か月から2年くらいまでが出産適齢期です。その年齢であっても、出産や育児は命がけ。妊娠期間は35日前後、出産した子ども(1～5頭程度)は生後6～8週頃まで母親が一頭で育てなくてはいけません。健康状態や気持ちが安定している子でなくては務まらないでしょう。

出産・子育ては、基本すべて母ハリ任せですが、ときには母ハリが育児放棄をすることも。そんな場合は人工保育が必要です。また、子ハリが無事に育ったとき、個別のハウスを用意することができますか? もらい先を決めて繁殖に踏み切ることもあるでしょうが、すべて予定通りになるとは限りません。何かあったとき、最後には「母子まとめて、まるっと面倒みます!」という覚悟が飼い主さんには必要です。

53 ハリネズミアレルギーかも!?

スキンシップしなくても楽しく暮らせますよ

From Harinezumi

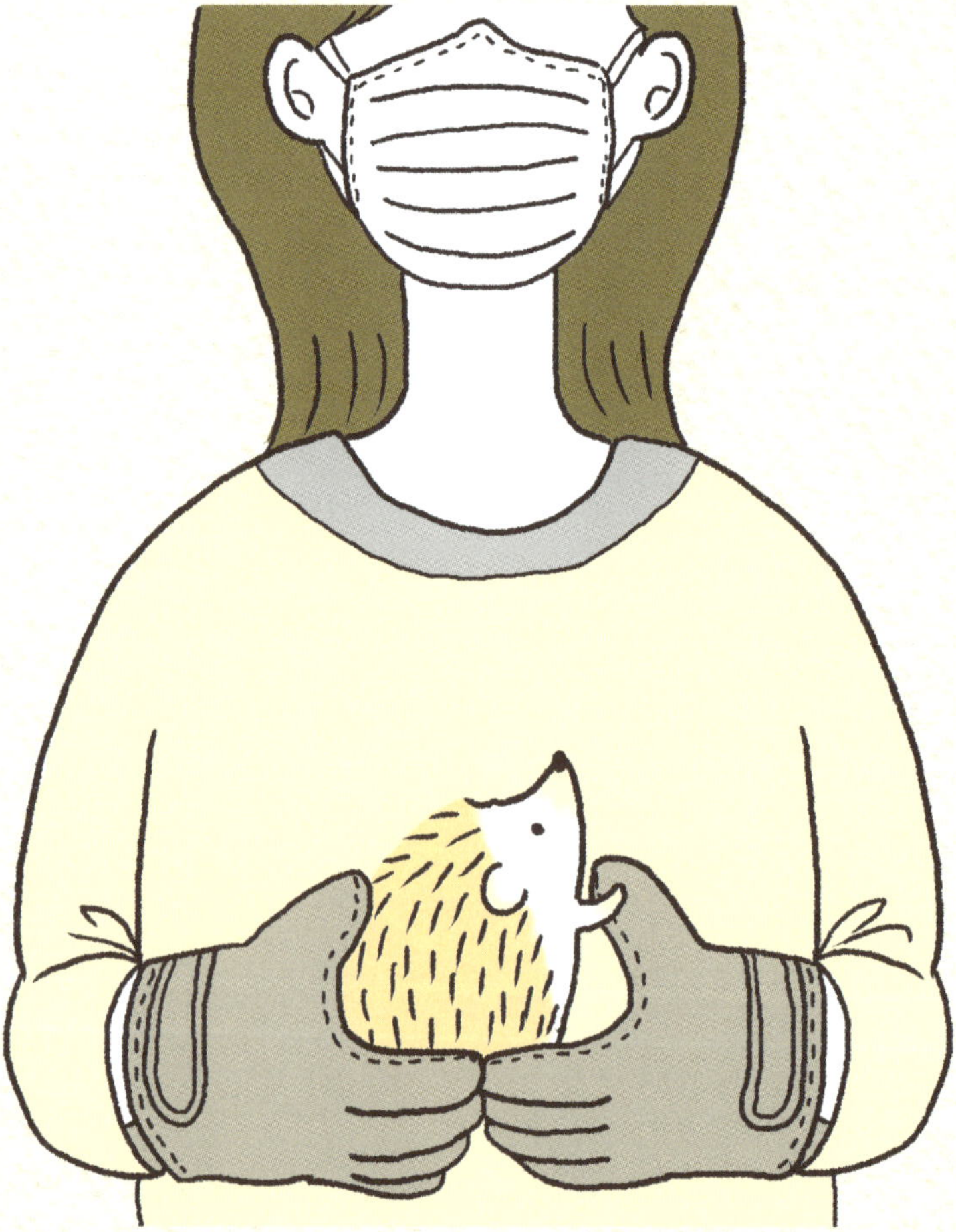

そのアレルギー症状ハリネズミが原因？

ハリネズミを飼い始めてからクシャミや鼻水がよく出る。ハリネズミを触った手がかゆい！　これってハリネズミアレルギーでしょうか？

ハリネズミに寄生しているダニやカビ、フケなどがアレルギー反応を引き起こしている可能性があります。また、床材に反応している場合も。ダニなどは動物病院で駆除してもらい、床材を変更したり、環境の衛生面を徹底すれば改善されることもあります。

敏感肌の人は、針に触るとかゆみや湿疹が出ることもありますが、そもそもハリネズミは触れ合えなくても十分に飼える動物です。お世話の際には手袋を使用すれば問題ありません。

ネコやハムスターなど、アレルゲンとなることが知られている動物に比べ、ハリネズミはアレルギーが出にくい動物だと言われています。ただ、ハリネズミはまだ研究段階。判明していないアレルゲンや症状が出る可能性も皆無ではありません。

アレルギー体質の人は、とくに慎重に触れ合うようにしましょう。かまれた後などは体調の変化に注意し、アレルギー症状がひどい場合はアレルギー科を受診しましょう。

54 さよならはやっぱり悲しいよ

一緒に生きたことを
喜んでくれたらうれしいな

From Harinezumi

悲しみよりも変わらない愛情を大切に

ハリネズミの寿命はおよそ4〜6年。若くして突然亡くなることもあります。お別れをすることなど考えたくありませんが、ハリネズミを愛すればこそ最後まで大切に扱ってあげたいもの。そのための知識は飼い主としてしっかり学んでおきましょう。

◆ハリネズミが亡くなったら

遺体はバスタオルなどで包み、涼しい場所に安置しましょう。腐敗を遅らせダニの拡散を防ぎます。動物病院へ連れて行けば、死因を調べてもらうことも可能かもしれません。すぐに埋葬や火葬ができない場合は保冷剤、ドライアイスを使って冷やしましょう。

◆供養の方法

自宅の庭に埋葬、ペット霊園での火葬・供養、自治体での共同火葬が主な方法。鉢植えの土に埋葬したり、剥製にする人も。自分が納得できる方法を選びましょう。

愛するハリネズミの死は、悲しみや後悔、寂しさをもたらすでしょう。でも悲しみを恐れないでください。悲しむためにハリネズミを飼っているわけではありません。一緒に過ごした幸せな時間が、あなたの大切な宝物となるはずです。

誕生日プレゼント

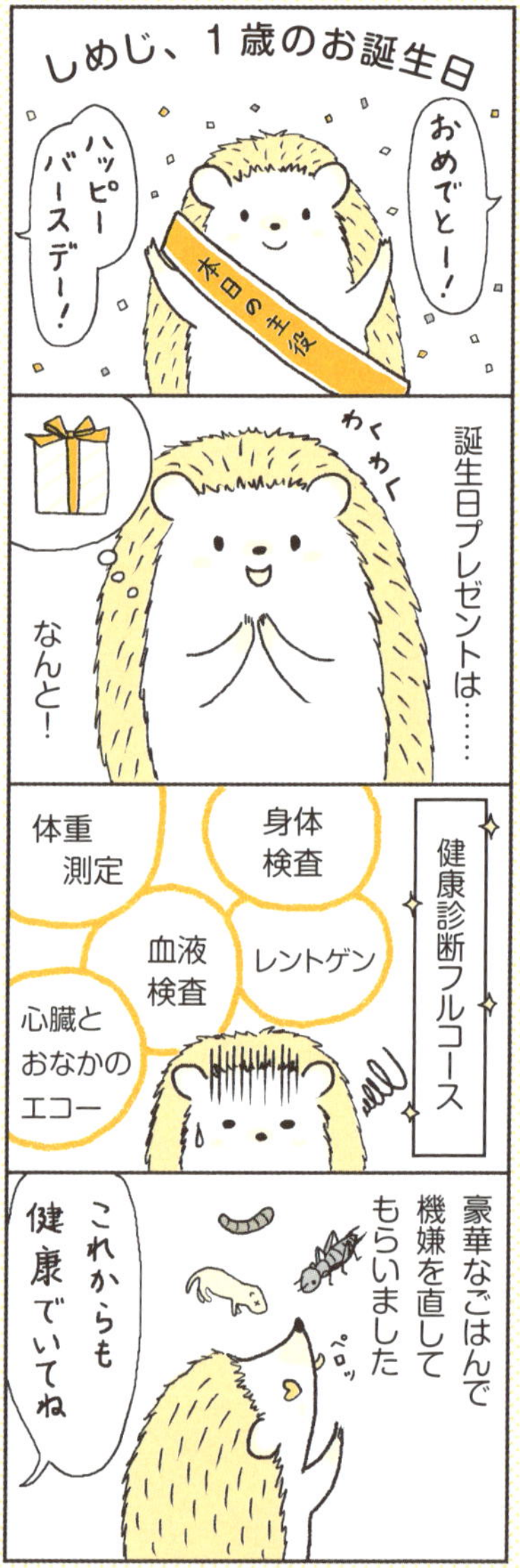

回し車のタイミング

しめじ、姉になる

進撃のしめじ

監修

井本稲毛動物クリニック 院長
井本 暁

日本大学生物資源科学部獣医学科を卒業後、高度獣医療や夜間救急獣医療に従事。2015年に千葉市稲毛区で井本稲毛動物クリニックを開院。愛針しめじとの出会いを通じ、飼い主さんの目線を持ちながらハリネズミの診療を行う。治療の幅を広げるため東洋医学、代替療法なども学び動物と飼い主さんに常に寄り添える治療を目指している。

Staff

イラスト・漫画
なみはりねずみ（にしかわなみ）

漫画原案
井本稲毛動物クリニック
ハリネズミしめじブログ
http://imoto-inage-ac.com/category/hedgehog-shimeji/

執筆
高島直子

デザイン
石松あや（しまりすデザインセンター）

DTP
北路社

編集協力
齊藤万里子

撮影
天野憲仁（日本文芸社）

撮影協力

HANAO GARDEN　〜ハリネズミの庭〜
東京都台東区浅草1-14-3
http://hanao.net/

ハリネズミの "日常" と "ホンネ" がわかる本

2018年7月20日　第1刷発行

写真協力

@ayabribrick　P.22、P.30、P.31、P.41
@bon_amu　P.22、P.42
@choco_mint.hedgie　P.21、P.31、P.33
@ganmohedgehog　P.21、P.25、P.33、P.37、P.40
@milkmilk_hello　P.23、P.31
@radotink_hedgehog　P.23、P.24、P.30、P.31、P.32、P.43
@ron_hari　P.16、P.17、P.23、P.25、P.31、P.33、P.43
@tomtom1486　P.20、P.25、P.30
@uni_desu　P.22、P.24、P.32、P.42

監修者　井本 暁
発行者　中村 誠
印刷所　株式会社 光邦
製本所　株式会社 光邦
発行所　株式会社 日本文芸社
　　　　〒101-8407
　　　　東京都千代田区神田神保町1-7
　　　　TEL 03-3294-8931（営業）
　　　　TEL 03-3294-8920（編集）

Printed in Japan 112180706-112180706 Ⓝ 01
ISBN978-4-537-21599-1
URL　https://www.nihonbungeisha.co.jp/
Ⓒ NIHONBUNGEISHA 2018

乱丁・落丁などの不良品がありましたら、小社製作部宛にお送りください。送料小社負担にておとりかえいたします。

法律で認められた場合を除いて、本書からの複写・転載（電子化を含む）は禁じられています。

また、代行業者等の第三者による電子データ化及び電子書籍化は、いかなる場合も認められていません。


（編集担当：前川）